HiSET Matemáticas en 10 días

El curso intensivo de matemáticas de HiSET más efectivo

Por

Reza Nazari

Traducido por Kamrouz Berenji

Effortless Math proporciona productos de preparación de exámenes no oficiales para una variedad de pruebas y exámenes. No está afiliado ni respaldado por ninguna organización oficial.
HISET es una marca registrada del American Council on Education y no está afiliada a Effortless Math.

Todas las consultas deben dirigirse a:
info@effortlessMath.com
www.EffortlessMath.com
www.Mathlibros.com

ISBN: 978-1-63719-330-3

Publicado Por: **Effortless Math Education Inc.**

Para en línea Visita de práctica de matemáticas www.EffortlessMath.com

Bienvenidos a Preparación para matemáticas de HISET

¡Te felicito por elegir Effortless Math para tu preparación para el examen de matemáticas HISET y felicitaciones por tomar la decisión de tomar el examen HISET! Es un movimiento notable que estás tomando, uno que no debe ser disminuido en ninguna capacidad.
Es por eso que debe usar todas las herramientas posibles para asegurarse de tener éxito en el examen con el puntaje más alto posible, y esta extensa guía de estudio es una mientas.

Si las matemáticas nunca han sido un tema sencillo para ti, **¡no te preocupes!** Este libro lo ayudará a prepararse para (e incluso ACE) la sección de matemáticas del examen HISET. A medida que se acerca el día de la prueba, la preparación efectiva se vuelve cada vez más importante. Afortunadamente, tiene esta guía de estudio completa para ayudarlo a prepararse para el examen. Con esta guía, puede

sentirse seguro de que estará más que listo para el examen de matemáticas HISET cuando llegue el momento.En primer lugar, es importante tener en cuenta que este libro es una guía de estudio y no un libro de texto. Es mejor leerlo de principio a fin. Cada lección de este "libro de matemáticas autoguiado" se desarrolló cuidadosamente para garantizar que esté haciendo el uso más efectivo de su tiempo mientras se prepara para el examen. Esta guía actualizada refleja las pautas de la prueba de 2023 y lo pondrá en el camino correcto para perfeccionar sus habilidades matemáticas, superar la ansiedad por los exámenes y aumentar su confianza, para que pueda tener lo mejor de sí mismo para tener éxito en la prueba de matemáticas HISET.

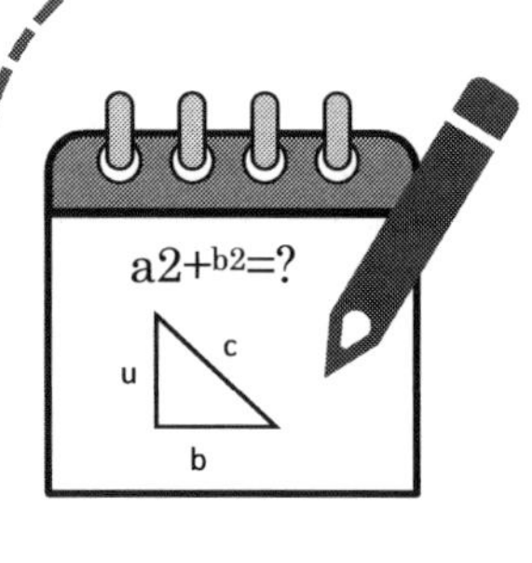

Esta guía de estudio:

☑ Explicar el formato de la prueba de matemáticas HISET.

☑ Describa estrategias específicas para tomar exámenes que pueda usar en el examen.

☑ Proporcione consejos para tomar exámenes de matemáticas HISET.

☑ Revise todos los conceptos y temas de HISET Math en los que será probado.

☑ Ayudarle a identificar las áreas en las que necesita concentrar su tiempo de estudio.

☑ Ofrezca ejercicios que lo ayuden a desarrollar las habilidades matemáticas básicas que aprenderá en cada sección.

Este recurso contiene todo lo que necesitará para tener éxito en el examen de matemáticas HISET. Obtendrá instrucciones detalladas sobre cada tema de matemáticas, así como consejos y técnicas sobre cómo responder a cada tipo de pregunta. También obtendrá muchas preguntas de práctica para aumentar su confianza en la toma de exámenes.

Además, en las siguientes páginas encontrarás:

- **¿Cómo usar este libro de manera efectiva?** esta sección le proporciona instrucciones paso a paso sobre cómo aprovechar al máximo esta completa guía de estudio.

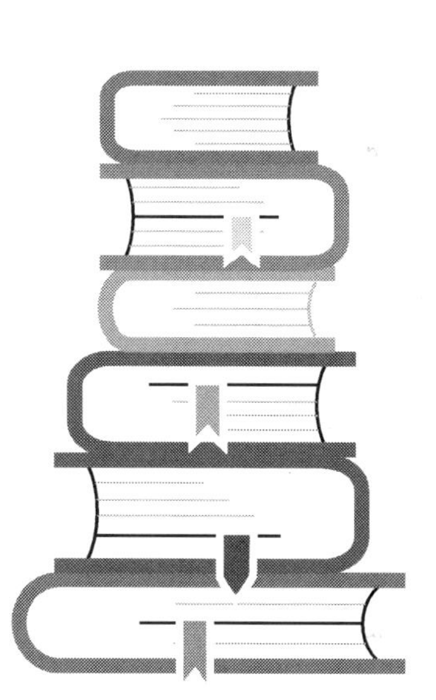

- **¿Cómo estudiar para el HISET Matemática Test?** Se ha desarrollado un programa de estudio de seis pasos para ayudarlo a hacer el mejor uso de este libro y prepararse para su examen de HISET Matemática. Aquí encontrará consejos y estrategias para guiar su programa de estudio y ayudarlo a comprender HISET Matemática y cómo aprobar el examen.

- **Revisión de matemáticas de HISET**: aprenda todo lo que necesita saber sobre el examen de matemáticas de HISET.

- **Estrategias de toma de exámenes de matemáticas de HISET**: aprenda cómo poner en práctica de manera efectiva estas técnicas recomendadas de toma de exámenes para mejorar su puntaje de matemáticas de HISET.

- **Consejos para el día de la prueba**: revise estos consejos para asegurarse de que hará todo lo posible cuando llegue el gran día.Además, en las siguientes páginas encontrarás:

- **Consejos para el día de la prueba**: revise estos consejos para asegurarse de que hará todo lo posible cuando llegue el gran día.

Centro en línea HISET de EffortlessMath.com

Effortless Matemática Online HISET Center ofrece un programa de estudio completo, que incluye lo siguiente:

- ✓ Instrucciones paso a paso sobre cómo prepararse para el examen de matemáticas HISET.
- ✓ Numerosas hojas de trabajo de matemáticas de HISET para ayudarlo a medir sus habilidades matemáticas.Lista completa de fórmulas matemáticas de HISET.
- ✓ Lecciones en video para todos los temas de matemáticas de HISET.
- ✓ Exámenes completos de práctica de matemáticas HISET.
- ✓ Y mucho más...

No es necesario registrarse ¿

Visite **Effortlessmath.com/HISET** para encontrar sus recursos en línea

¿Cómo se utiliza este libro efectivamente?

Mire no más cuando necesite una guía de estudio para mejorar sus habilidades matemáticas para tener éxito en la parte de matemáticas de la prueba HISET. Cada capítulo de esta guía completa de HISET Matemática le proporcionará el conocimiento, las herramientas y la comprensión necesaria para cada tema cubierto en el examen.

Es imperativo que entiendas cada tema antes de pasar a otro, ya que esa es la forma de garantizar tu éxito. Cada capítulo le proporciona ejemplos y una guía paso a paso de cada concepto para comprender mejor el contenido que estará en la prueba. Para obtener los mejores resultados posibles de este libro:

- **Comience a estudiar mucho antes de la fecha de su examen**. Esto le proporciona tiempo suficiente para aprender los diferentes conceptos matemáticos. Cuanto antes comiences a estudiar para el examen, más agudas serán tus habilidades. ¡No procrastinar! Proporciónese suficiente tiempo para aprender los conceptos y siéntase cómodo de entenderlos cuando llegue la fecha de su examen.

- **Practica consistentemente**. Estudie los conceptos de matemáticas de HISET al menos de 20 a 30 minutos al día. Recuerde, lento y constante gana la carrera, lo que se puede aplicar a la preparación para el examen de matemáticas HISET. En lugar de abarrotar para abordar todo a la vez, sea paciente y aprenda los temas de matemáticas en ráfagas cortas.
- Cada vez que se equivoque en un problema de matemáticas**, márquelo y revíselo más tarde** para asegurarse de que comprenda el concepto.
- Comience cada sesión **revisando el material anterior.**
- Una vez que haya revisado las lecciones del libro, **realice una prueba de práctica en la parte posterior del libro** para medir su nivel de preparación. Luego, revise sus resultados. Lea las respuestas y soluciones detalladas para cada pregunta en la que se haya equivocado.
- **Tome otra prueba** de práctica para tener una idea de qué tan listo está para tomar el examen real. Tomar las pruebas de práctica le dará la confianza que necesite para el día del examen. Simule el entorno de prueba de HISET sentándose en una habitación tranquila y libre de distracciones. Asegúrese de registrarse con un temporizador.

Cómo estudiar para el HISET Matemática Prueba

Estudiar para el examen de matemáticas HISET puede ser una tarea realmente desalentadora y aburrida. ¿Cuál es la mejor manera de hacerlo? ¿Existe algún método de estudio que funcione mejor que otros? Bueno, estudiar para el HISET Matemática se puede hacer de manera efectiva. El siguiente programa de seis pasos ha sido diseñado para hacer que la preparación para el examen de matemáticas HISET sea más eficiente y menos abrumadora.

Paso 1 - Crear un plan de estudio.

Paso 2 - Elige tus recursos de estudio.

Paso 3 - Revisar, aprender, practicar

Paso 4 - Aprender y practicar estrategias de toma de exámenes.

Paso 5 - Aprende el formato de la prueba HISET y toma pruebas de práctica.

Paso 6 - Analiza tu rendimiento.

Paso 1: Crear un plan de estudio

Siempre es más fácil hacer las cosas cuando tienes un plan. Crear un plan de estudio para el examen de matemáticas HISET puede ayudarlo a mantenerse en el camino con sus estudios. Es importante sentarse y preparar un plan de estudio con lo que funciona con su vida, trabajo y cualquier otra obligación que pueda tener. Dedica suficiente tiempo cada día al estudio. También es una gran idea dividir cada sección del examen en bloques y estudiar un concepto a la vez.

Es importante entender que no hay una manera "correcta" de crear un plan de estudio. Su plan de estudio será personalizado en función de sus necesidades específicas y estilo de aprendizaje. Siga estas pautas para crear un plan de estudio efectivo para su examen de matemáticas HISET:

★ **Analice su estilo de aprendizaje y hábitos de estudio**: cada persona tiene un estilo de aprendizaje diferente. Es esencial abrazar tu individualidad y la forma única en que aprendes.

Piensa en lo que funciona y lo que no funciona para ti. ¿Prefieres los libros de preparación para matemáticas de HISET o una combinación de libros de texto y lecciones en

★ video? ¿Te funciona mejor si estudias todas las noches durante treinta minutos o es más efectivo estudiar por la mañana antes de ir a trabajar?

★ **Evalúe su horario**: revise su horario actual y averigüe cuánto tiempo puede dedicar constantemente al estudio de matemáticas de HISET.

★ **Desarrolle un horario**: ahora es el momento de agregar su horario de estudio a su calendario como cualquier otra obligación. Programe tiempo para estudiar, practicar y revisar. Planifique qué tema estudiará en qué día para asegurarse de que está dedicando suficiente tiempo a cada concepto. Desarrolle un plan de estudio que sea consciente, realista y flexible.

★ **Apéguese a su horario**: un plan de estudio solo es efectivo cuando se sigue de manera consistente. Debe tratar de desarrollar un plan de estudio que pueda seguir durante la duración de su programa de estudio.

★ **Evalúe su plan de estudio y ajústelo según sea necesario**: a veces necesita ajustar su plan cuando tiene nuevos compromisos. Consulte con usted mismo regularmente para asegurarse de que no se está quedando atrás en su plan de estudio. Recuerde, lo más importante es apegarse a su plan. Tu plan de estudios se trata de ayudarte a ser más productivo. Si encuentras que tu plan de estudio no es tan efectivo como deseas, no te desanimes. Está bien hacer cambios a medida que descubres qué funciona mejor para ti.

★ PASO2: Elija sus recursos de estudio

★ Hay numerosos libros de texto y recursos en línea disponibles para el examen de matemáticas HISET, y es posible que no esté claro por dónde comenzar. ¡No te preocupes! Esta guía de estudio proporciona todo lo que necesita para prepararse completamente para su examen de matemáticas HISET. Además del contenido del libro, también puede usar los recursos en línea de Effortless

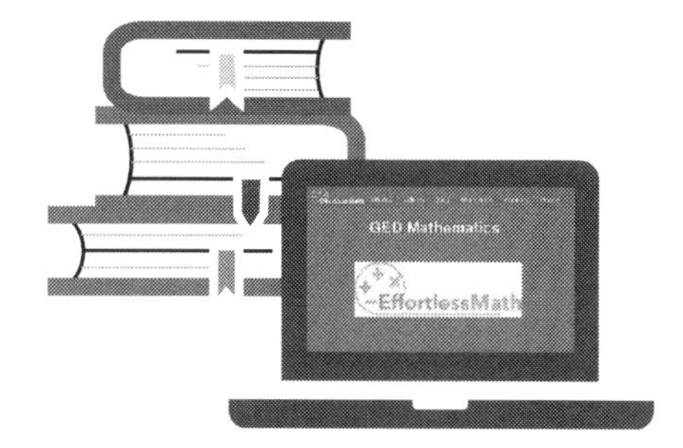

PASO3: Revisar, aprender, practicar

Esta guía de estudio de HISET Matemática divide cada tema en habilidades específicas o áreas de contenido. Por ejemplo, el concepto de porcentaje se divide en diferentes temas: cálculo de porcentaje, aumento y disminución porcentual, porcentaje de problemas, etc. Use esta guía de estudio y el centro de HISET en línea de Effortless Matemática para ayudarlo a repasar todos los conceptos y temas clave de matemáticas en el examen de matemáticas de HISET.

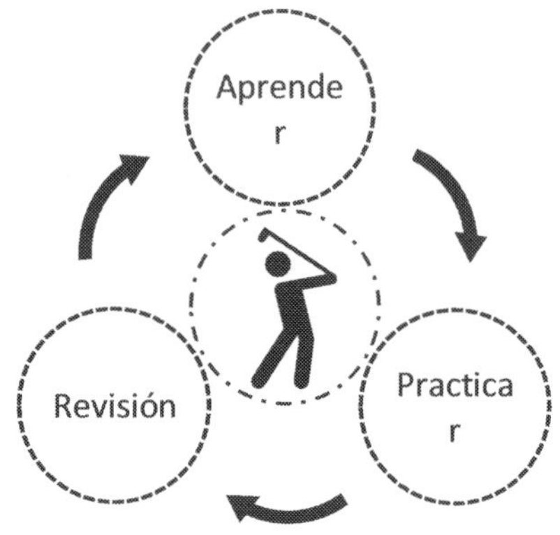

A medida que lea cada tema, tome notas o resalte los conceptos que le gustaría repasar nuevamente en el futuro. Si no está familiarizado con un tema o algo es difícil para usted, use el enlace (o el código QR) en la parte inferior de la página para encontrar la página web que proporciona más instrucciones sobre ese tema. Para cada tema de matemáticas, se proporcionan muchas instrucciones, guías paso a paso y ejemplos para garantizar que obtenga una buena comprensión del material.

Revise rápidamente los temas que entienda para obtener un repaso del material. Asegúrese de hacer las preguntas de práctica proporcionadas al final de cada capítulo para medir su comprensión de los conceptos.

Paso 4: Aprender y practicar estrategias de toma de exámenes

En las siguientes secciones, encontrará importantes estrategias y consejos para tomar exámenes que pueden ayudarlo a ganar puntos adicionales. Aprenderás a pensar estratégicamente y cuándo adivinar si no sabes la respuesta a una pregunta. El uso de estrategias y consejos para tomar exámenes de matemáticas de HISET puede ayudarlo a aumentar su puntaje y obtener buenos resultados en el examen. Aplique estrategias de toma de exámenes en las pruebas de práctica para ayudarlo a aumentar su confianza.

Paso 5: Aprenda el formato de la prueba HISET y realice pruebas de práctica

La sección *Revisión de la prueba de HISET* proporciona información sobre la estructura de la prueba de HISET. Lea esta sección para obtener más información sobre la estructura de la prueba HISET, las diferentes secciones de la prueba, el número de preguntas en cada sección y los límites de tiempo de la sección. Cuando tenga una comprensión previa del formato del examen y los diferentes tipos de preguntas de matemáticas de HISET, se sentirá más seguro cuando realice el examen real.

Una vez que haya leído las instrucciones y lecciones y sienta que está listo para comenzar, aproveche las dos pruebas de práctica de matemáticas HISET completas disponibles en esta guía de estudio. Use las pruebas de práctica para agudizar sus habilidades y desarrollar confianza.

Las pruebas de práctica de matemáticas de HISET que se ofrecen al final del libro tienen un formato similar a la prueba de matemáticas de HISET real. Cuando realice cada prueba de práctica, intente simular las condiciones reales de la prueba. Para tomar las pruebas de práctica, siéntese en un espacio tranquilo, tómese el tiempo y trabaje en tantas preguntas como el tiempo lo permita. Las pruebas de práctica son seguidas por explicaciones de respuesta detalladas para ayudarlo a encontrar sus áreas débiles, aprender de sus errores y aumentar su puntaje de matemáticas HISET.

Paso 6: Analice su rendimiento

Después de tomar las pruebas de práctica, revise las claves de respuesta y las explicaciones para saber qué preguntas respondió correctamente y cuáles no. Nunca te desanimes si cometes algunos errores. Véalos como una oportunidad de aprendizaje. Esto resaltará sus fortalezas y debilidades.

Puede usar los resultados para determinar si necesita práctica adicional o si está listo para tomar el examen de matemáticas HISET real.

¿Buscas más?

Visite EffortlessMath.com/HISET para encontrar cientos de hojas de trabajo de HISET Math, tutoriales en video, pruebas de práctica, fórmulas de HISET Matematica y mucho más.

O escanea este código QR.

No es necesario registrarse.

Revisión de la prueba HISET

La Prueba de equivalencia de escuela secundaria (HiSET), comúnmente conocida como HiSET, es una prueba estandarizada y fue lanzada en el año 2014. Esta prueba fue creada por ITP (Iowa Testing Programs) y ETS (Educational Testing Service). El HiSET es igual a la prueba HiSET. Actualmente, hay doce estados que ofrecen el HiSET®: California, Iowa, Louisiana, Maine, Massachusetts, Missouri, Montana, Nevada, New Hampshire, Nueva Jersey, Tennessee y Wyoming.

Las personas que rinden el examen HiSET pueden optar por realizar el examen utilizando un ordenador o con lápiz y papel.

El HiSET se compone de cinco secciones distintas:

1. Ciencias sociales
2. Lectura de Artes del Lenguaje
3. Escritura de Artes del Lenguaje
4. Ciencia
5. Matemáticas

La prueba HiSET Matemáticas es una prueba de 90 minutos de una sola sección que cubre temas básicos de matemáticas, resolución de problemas cuantitativos y preguntas algebraicas. Hay aproximadamente 50-55 preguntas de opción múltiple en la sección de Matemáticas. La calculadora está permitida en la sección de Matemáticas.

Estrategias para tomar exámenes de matemáticas de HISET

Aquí hay algunas estrategias de toma de exámenes que puede usar para maximizar su rendimiento y resultados en el examen de matemáticas HISET.

1 : Use este enfoque para responder a cada pregunta de matemáticas de HISET

- Revise la pregunta para identificar palabras clave e información importante.
- Traduzca las palabras clave en operaciones matemáticas para que puedas resolver el problema.
- Revise las opciones de respuesta. ¿Cuáles son las diferencias entre las opciones de respuesta?
- Dibuje o etiquete un diagrama si es necesario.
- Trate de encontrar patrones.
- Encuentre el método adecuado para responder a la pregunta. Use matemáticas sencillas, conecte números o pruebe las opciones de respuesta (resolución inversa).
- Revise su trabajo.

#2 : Usa conjeturas educadas

Este enfoque es aplicable a los problemas que entiendas hasta cierto punto, pero no puedes resolver usando matemáticas sencillas. En tales casos, trate de filtrar tantas opciones de respuesta como sea posible antes de elegir una respuesta. En los casos en los que no tenga idea de lo que implica un determinado problema, no pierda el tiempo tratando de eliminar las opciones de respuesta. Simplemente elija uno al azar antes de pasar a la siguiente pregunta.

Como puede comprobar, las soluciones directas son el enfoque óptimo. Lea cuidadosamente la pregunta, determine cuál es la solución utilizando las matemáticas que ha aprendido antes, luego coordine la respuesta con una de las opciones disponibles para usted. ¿Estás perplejo? Haz tu mejor suposición, luego sigue adelante.¡No dejes ningún campo vacío! Incluso si no puede resolver un problema, esfuércese por responderlo. Adivina si tienes que hacerlo. No perderá puntos al obtener una respuesta incorrecta, ¡aunque puede ganar un punto al corregirla!

#3: Cálculo aproximado

Una respuesta aproximada es una aproximación. Cuando nos sentimos abrumados por los cálculos y las cifras, terminamos cometiendo errores tontos. Un decimal que se mueve por una unidad puede cambiar una respuesta de correcta a incorrecta, independientemente del número de pasos que haya realizado para obtenerla.

Si crees que sabes cuál puede ser la respuesta correcta (incluso si es solo una respuesta aproximada), generalmente tendrás la capacidad de eliminar un par de opciones. Si bien las opciones de respuesta generalmente se basan en el error promedio del estudiante y / o los valores que están estrechamente vinculados, aún podrá eliminar las opciones que están muy lejos. Trate de encontrar respuestas que no estén en el estadio proverbial cuando esté buscando una respuesta incorrecta en una pregunta de opción múltiple. Este es un enfoque óptimo para eliminar las respuestas a un problema.

#4: Resolución de retroceso

La mayoría de las preguntas en el examen de matemáticas HISET serán en formato de opción múltiple. Muchos examinados prefieren las preguntas de opción múltiple, ya que al menos la respuesta está ahí. Por lo general, tendrá cuatro respuestas para elegir. Simplemente necesita averiguar cuál es el correcto. Por lo general, la mejor manera de hacerlo es "resolver la espalda".

Como se mencionó anteriormente, las soluciones directas son el enfoque óptimo para responder a una pregunta. Lea cuidadosamente un problema, calcule una solución y luego corresponda la respuesta con una de las opciones que se muestran frente a usted. Si no puede calcular una solución, su siguiente mejor enfoque implica "resolver".

Al volver a resolver un problema, compare una de sus opciones de respuesta con el problema que se le pregunta, luego vea cuál de ellas es la más relevante. La mayoría de las veces, las opciones de respuesta se enumeran en orden ascendente o descendente. En tales casos, pruebe las opciones B o C. Si no es correcto, puedes bajar o subir desde allí.

5: Conectando números

"Conectar números" es una estrategia que se puede aplicar a una amplia gama de diferentes problemas matemáticos en el examen HISET Matemática. Este enfoque se utiliza normalmente para simplificar una pregunta desafiante para que sea más comprensible. Al usar la estrategia con cuidado, puede encontrar la respuesta sin demasiados problemas.

El concepto es bastante sencillo: reemplace variables desconocidas en un problema con ciertos valores. Al seleccionar un número, tenga en cuenta lo siguiente:

- Elija un número que sea básico (pero no demasiado básico). En general, debe evitar elegir 1 (o incluso 0). Una opción decente es 2.
- Trate de no elegir un número que se muestre en el problema.
- Asegúrese de mantener sus números diferentes si necesita elegir al menos dos de ellos.
- La mayoría de las veces, elegir números simplemente le permite filtrar algunas de sus opciones de respuesta. Como tal, no solo vaya con la primera opción que le brinde la respuesta correcta.
- Si varias respuestas parecen correctas, deberá elegir otro valor e intentarlo de nuevo. Esta vez, sin embargo, solo tendrá que verificar las opciones que aún no se han eliminado.
- Si su pregunta contiene fracciones, entonces una posible respuesta correcta puede involucrar una pantalla LCD (mínimo común denominador) o un múltiplo LCD.
- 100 es el número que debe elegir cuando se trata de problemas que involucran porcentajes.

HISET Matemática – Consejos para el día del examen

Después de practicar y revisar todos los conceptos matemáticos que te han enseñado, y tomar algunas pruebas de práctica de matemáticas HISET, estarás preparado para el día del examen. Considere los siguientes consejos para estar extra listo en el momento de la prueba.

Antes de la prueba

¿Qué hacer la noche anterior?:

- **¡Relajate!**: Un día antes de su examen, estudie a la ligera u omita el estudio por completo. Tampoco debes intentar aprender algo nuevo. Hay muchas razones por las que estudiar la noche antes de una gran prueba puede funcionar en tu contra. Dicho de esta manera: un maratonista no saldría a correr antes del día de una gran carrera. Los maratonistas mentales, como usted, no deben estudiar durante más de una hora y 24 horas antes de una prueba de HISET. Esto se debe a que su cerebro requiere un poco de descanso para estar en su mejor momento. La noche antes de su examen, pase algún tiempo con familiares o amigos, o lea un libro.

- **Evite las pantallas brillantes**: tendrá que dormir bien la noche antes de su prueba. Las pantallas brillantes (como las que provienen de su computadora portátil, televisor o dispositivo móvil) deben evitarse por completo. Mirar una pantalla de este tipo mantendrá su cerebro en alto, lo que dificultará quedarse dormido a una hora razonable.

- **Asegúrese de que su cena sea saludable**: la comida que tiene para cenar debe ser nutritiva. Asegúrese de beber mucha agua también. Cargue sus carbohidratos complejos, al igual que lo haría un corredor de maratón. La pasta, el arroz y las papas son opciones ideales aquí, al igual que las verduras y las fuentes de proteínas.

- **Prepare su bolso para el día del examen**: la noche anterior a su examen, empaque su bolso con su papelería, pase de admisión, identificación y cualquier otro equipo que necesite. Mantenga la bolsa justo al lado de la puerta de su casa.

- **Haga planes para llegar al sitio de prueba**: antes de irse a dormir, asegúrese de comprender con precisión cómo llegará al sitio de la prueba. Si el estacionamiento es algo que tendrá que encontrar primero, planifíquelo. depende s del transporte público, revisa el horario. También debe asegurarse de que el tren / autobús / metro / tranvía que utiliza estará funcionando. Infórmese también sobre los cierres de carreteras. Si un padre o amigo lo acompaña, asegúrese de que también entienda qué pasos debe tomar.

El día de la prueba

- **Levántese razonablemente temprano, pero no demasiado temprano.**

- **Desayunar:** El desayuno mejora su concentración, memoria y estado de ánimo. Como tal, asegúrese de que el desayuno que come por la mañana sea saludable. Lo último que quieres es distraerte con una barriga quejumbrosa. Si no es su propio estómago el que hace esos ruidos, otro examinador cercano a usted podría estar en su lugar. Prevenga la incomodidad o la vergüenza consumiendo un desayuno saludable. Traiga un bocadillo con usted si cree que lo necesitará.

- **Sigue tu rutina diaria:** ¿Ves "Good Morning America" cada mañana mientras te preparas para el día? No rompas tus hábitos habituales el día de la prueba. Del mismo modo, si el café no es algo que beba por la mañana, entonces no tome el hábito horas antes de su prueba. La consistencia de la rutina le permite concentrarse en el objetivo principal: hacer lo mejor que pueda en su prueba.

- **Use capas**: vístase con capas cómodas. Debe estar listo para cualquier tipo de temperatura interna. Si hace demasiado calor durante la prueba, quítese una capa.

- **Llegar temprano:** Lo último que desea hacer es llegar tarde al sitio de prueba. Más bien, debe estar allí 45 minutos antes del inicio de la prueba. A su llegada, trate de no pasar el rato con nadie que esté nervioso. Cualquier energía ansiosa que exhiban no debería influirte.

- **Deje los libros en casa**: No se deben llevar libros al sitio de prueba. Si comienzas a desarrollar ansiedad antes del examen, los libros podrían alentarte a estudiar en el último minuto, lo que solo te obstaculizará. Mantenga los libros lejos, mejor aún, déjelos en casa.

- **Haga que su voz sea escuchada**: Si algo está mal, hable con un supervisor. Si necesita atención médica o si va a requerir algo, consulte al supervisor antes del inicio de la prueba. Cualquier duda que tengas debe ser aclarada. Debe ingresar al sitio de prueba con un estado mental que esté completamente claro. **Ten fe en ti mismo**: cuando te sientas seguro, podrás rendir al máximo. Cuando esté esperando a que comience la prueba, imagínese recibiendo un resultado sobresaliente. Trata de verte a ti mismo como alguien que conoce todas las respuestas, sin importar cuáles sean las preguntas. Muchos atletas tienden a usar esta técnica, especialmente antes de una gran competencia. Sus expectativas se verán reflejadas por su desempeño.

Durante la prueba

- **Mantenga la calma y respire profundamente**: debe relajarse antes de la prueba, y un poco de respiración profunda le ayudará mucho a hacerlo. Ten confianza y calma. Tienes esto. Todo el mundo se siente un poco estresado justo antes de que comience una evaluación de cualquier tipo. Aprenda algunos ejercicios de respiración efectivos. Dedique un minuto a meditar antes de que comience la prueba. Filtra cualquier pensamiento negativo que tengas. Muestre confianza cuando tenga tales pensamientos.

- **Concéntrese en la prueba**: absténgase de compararse con cualquier otra persona. No debes distraerte con las personas cerca de ti o el ruido aleatorio. Concéntrese exclusivamente en la prueba. Si se encuentra irritado por los ruidos circundantes, se pueden usar tapones para los oídos para bloquear los sonidos cerca de usted. No lo olvide: la prueba durará varias horas si está tomando más de un tema de la prueba. Parte de ese tiempo se dedicará a secciones breves. Concéntrese en la sección específica en la que está trabajando durante un momento en particular. No dejes que tu mente divague hacia las secciones próximas o anteriores.

- **Omita preguntas desafiantes**: optimice su tiempo al tomar el examen. Persistir en una sola pregunta durante demasiado tiempo funcionará en su contra. Si no sabe cuál es la respuesta a una determinada pregunta, use su mejor suposición y marque la pregunta para que pueda revisarla más adelante. No hay necesidad de pasar tiempo tratando de resolver algo de lo que no estás seguro. Ese tiempo sería mejor servido manejando las preguntas que realmente puede responder bien. No será penalizado por obtener la respuesta incorrecta en una prueba como esta.

- **Trate de responder a cada pregunta individualmente**: concéntrese solo en la pregunta en la que está trabajando. Utilice una de las estrategias de toma de pruebas para resolver el problema. Si no eres capaz de encontrar una respuesta, no te frustres. Simplemente omita esa pregunta, luego pase a la siguiente.

- **¡No olvides respirar!** Cada vez que note que su mente divaga, sus niveles de estrés aumentan o la frustración se está gestando, tome un descanso de treinta segundos. Cierra los ojos, suelta el lápiz, respira profundamente y deja que tus hombros se relajen. Terminarás siendo más productivo cuando te permitas relajarte por un momento.

- **Revisa tu respuesta.** Si todavía tiene tiempo al final de la prueba, no lo desperdicie. Regrese y revise sus respuestas. Vale la pena pasar por la prueba de principio a fin para asegurarse de que no cometió un error descuidado en alguna parte.

- **Optimice sus descansos**: cuando llegue el momento del descanso, use el baño, tome un refrigerio y reactive su energía para la sección posterior. Hacer algunos estiramientos puede ayudar a estimular el flujo sanguíneo.

Después de la prueba

- **Tómelo con calma**: deberá reservar un tiempo para relajarse y descomprimir una vez que la prueba haya concluido. No hay necesidad de estresarse por lo que podría haber dicho, o lo que puede haber hecho mal. En este punto, no hay nada que puedas hacer al respecto. Tu energía y tiempo se gastarían mejor en algo que te traerá felicidad por el resto de tu día.

- **Rehacer la prueba**: ¿Pasaste la prueba? ¡Felicidades! ¡Tu arduo trabajo valió la pena! Aprobar esta prueba significa que ahora estás tan bien informado como alguien que se ha graduado de la escuela secundaria.

- Sin embargo, si ha fallado su prueba, ¡no se preocupe! La prueba se puede volver a tomar. En tales casos, deberá seguir la política de retoma establecida por su estado. También debe volver a registrarse para volver a tomar el examen nuevamente.

Contenidos

DÍA 1

Fracciones y Números Mixtos 4

Simplificación de Fracciones 5
Suma y Resta de Fracciones 6
Multiplicación y División de Fracciones 7
Suma de Números Mixtos 8
Resta de Números Mixtos 9
Multiplicación de Números Mixtos 10
División de Números Mixtos 11
Día 1: Práctica 12
Día 1: Respuestas 14

DÍA 2

Decimales y Enteros 17

Comparación de Decimales 18
Redondeo de Decimales 19
Suma y Resta de Decimales 20
Multiplicación y División de Decimales 21
Suma y Resta de Enteros 22
Multiplicación y División de Enteros 23
Orden de Operaciones 24
Enteros y Valor Absoluto 25
Día 2: Práctica 26
Día 2: Respuestas 28

DÍA 3

Razones, Proporciones y Porcentaje 31

Simplificación de Razones 32
Razones Proporcionales 33
Similitud y Razones 34
Problemas de Porcentaje 35
Porcentaje de Aumento y Disminución 36
Descuento, Impuesto y Propina 37
Interés Simple 38
Día 3: Práctica 39
Día 3: Respuestas 41

DÍA 4 **Variables y Exponentes** 43

Propiedad de Multiplicación de Exponentes 44
Propiedad de División de Exponentes 45
Poderes de los Productos y Cocientes 46
Exponentes Cero y Negativos 47
Exponentes Negativos y Bases Negativas 48
Notación Científica 49
Radicales 50
Día 4: Práctica 51
Día 4: Respuestas 53

DÍA 5 **Expresiones y Variables** 57

Simplificación de Expresiones Variables 58
Simplificación de Expresiones Polinómicas 59
La Propiedad Distributiva 60
Evaluando Una Variable 61
Evaluando Dos Variables 62
Día 5: Práctica 63
Día 5: Respuestas 65

DÍA 6 **Ecuaciones y Desigualdades** 69

Ecuaciones de un solo paso 70
Ecuaciones de Varios Pasos 71
Sistema de Ecuaciones 72
Graficación de la Desigualdes de Una Variable 73
Desigualdades de Un Paso 74
Desigualdades de Varios Pasos 75
Día 6: Práctica 76
Día 6: Respuestas 78

DÍA 7 **Líneas y Pendiente** 81

Encontrando la Pendiente 82
Graficación de Líneas Mediante la Forma de Pendiente-Intersección 83
Escribiendo Ecuaciones Lineales 84
Encontrando el Punto Medio 85
Encontrando la Distancia de Dos Puntos 86
Graficando Desigualdades Lineales 87
Día 7: Práctica 88
Día 7: Respuestas 90

DÍA 8

Polinomios 93

Simplificación de Polinomios 94
Suma y Resta de Polinomios 95
Multiplicación de Monomios........ 96
Multiplicación y División de Monomios........ 97
Multiplicación de un Polinomio y un Monomio........ 98
Multiplicación de Binomios 99
Factorización de Trinomios 100
Día 8: Práctica 101
Día 8: Respuestas 103

DÍA 9

Geometría y Figuras Sólidas

El Teorema de Pitágoras........108
Ángulos Complementarios y Suplementarios 109
Líneas Paralelas y Transversales 110
Triángulos 111
Triángulos Rectángulos Especiales........112
Polígonos........113
Círculos........114
Trapecios........115
Cubos 116
Prismas Rectangulares........117
Cilindro........118
Día 9: Práctica 119
Día 9: Respuestas 122

DÍA 10

Estadísticas y Funciones 125

Media, Mediana, Moda y Rango de los Datos Dados 126
Gráfico de Torta........127
Problemas de Probabilidad........128
Permutaciones y Combinaciones 129
Notación y Evaluación de Funciones........130
Suma y Resta de Funciones 131
Multiplicación y División de Funciones 132
Composition of Functions 133
Día 10: Práctica 134
Día 10: Respuestas........136
Tiempo de Prueba ---------139
Prueba Práctica de Razonamiento Matemático HISET 1 ---------141
Prueba Práctica de Razonamiento Matemático HISET 2 ---------145
Claves de Respuesta de la Prueba Práctica de Razonamiento Matemático HISET ----201
Cómo Calificar tus Pruebas ---------201
Prueba Práctica de Razonamiento Matemático HISET Respuestas y Explicaciones ---201

Fracciones y Números Mixtos

Temas matemáticos que aprenderás en este capítulo:

1. Simplificación de Fracciones
2. Suma y Resta de Fracciones
3. Multiplicación y División de Fracciones
4. Suma de Números Mixtos
5. Resta de Números Mixtos
6. Multiplicación de Números Mixtos
7. División de Números Mixtos

Simplificación de Fracciones

- ☆ Una fracción contiene dos números separados por una barra entre ellos. El número inferior, llamado denominador, es el número total de porciones igualmente divididas en un todo. El número superior, llamado numerador, es cuántas porciones tienes. Y la barra representa la operación de la división.
- ☆ Simplificar una fracción significa reducirla a los términos más bajos. Para simplificar una fracción, divida uniformemente tanto la parte superior como la inferior de la fracción por 2,3,5,7, etc.
- ☆ Continúa hasta que no puedas ir más lejos.

Ejemplos:

Ejemplo 1. ***Simplifica*** $\frac{16}{24}$

Solución: Para simplificar $\frac{16}{24}$, Encuentra un número que tanto 16 y 24 sean divisibles. Ambos son divisibles por 8. entonces: $\frac{16}{24} = \frac{16 \div 8}{24 \div 8} = \frac{2}{3}$

Ejemplo 2. ***Simplifica*** $\frac{36}{96}$

Solución: Para simplificar $\frac{36}{96}$, Encuentra un número que tanto 36 y 96 sean divisibles. Ambos son divisibles por 6 y 12. Entonces: $\frac{36}{96} = \frac{36 \div 6}{96 \div 6} = \frac{6}{16}$, 6 y 16 sean divisibles por 2, entonces: $\frac{6}{16} = \frac{3}{8}$ o $\frac{36}{96} = \frac{36 \div 12}{96 \div 12} = \frac{3}{8}$

Ejemplo 3. ***Simplifica*** $\frac{43}{129}$

Solución: Para simplificar $\frac{43}{129}$, Encuentra un número que tanto 43 y 129 sean divisibles. Ambos son divisibles por 43, entonces: $\frac{43}{129} = \frac{43 \div 43}{129 \div 43} = \frac{1}{3}$

Suma y Resta de Fracciones

☆ Para fracciones "similares" (fracciones con el mismo denominador), suma o resta los numeradores (números superiores) y escribe la respuesta sobre el denominador común (números inferiores).

☆ Suma y resta de fracciones con el mismo denominador:

$\frac{a}{b}+\frac{c}{b}=\frac{a+c}{b}, \frac{a}{b}-\frac{c}{b}=\frac{a-c}{b}$

☆ Encuentra fracciones equivalentes con el mismo denominador antes de poder sumar o restar fracciones con diferentes denominadores.

☆ Suma y resta de fracciones con diferentes denominadores:

$\frac{a}{b}+\frac{c}{d}=\frac{ad+bc}{bd}, \frac{a}{b}-\frac{c}{d}=\frac{ad-bc}{bd}$

Ejemplos:

Ejemplo 1. Encuentra la suma. $\frac{3}{4}+\frac{2}{3}=$

***Solución*:** Estas dos fracciones son fracciones "diferentes". (tienen diferentes denominadores). Usar esta fórmula: $\frac{a}{b}+\frac{c}{d}=\frac{ad+cb}{bd}$

Entonces: $\frac{3}{4}+\frac{2}{3}=\frac{(3)(3)+(4)(2)}{4\times 3}=\frac{9+8}{12}=\frac{17}{12}$

Ejemplo 2. Encuentra la diferencia. $\frac{4}{7}-\frac{2}{5}=$

***Solución*:** Para fracciones "diferentes", busque fracciones equivalentes con el mismo denominador antes de poder sumar o restar fracciones con diferentes denominadores. Usar esta fórmula: $\frac{a}{b}-\frac{c}{d}=\frac{ad-bc}{bd}$

$\frac{4}{7}-\frac{2}{5}=\frac{(4)(5)-(2)(7)}{7\times 5}=\frac{20-14}{35}=\frac{6}{35}$

Multiplicación y División de Fracciones

☆ **Multiplicar fracciones:** multiplicar los números superiores y multiplicar los números inferiores. Simplifique si es necesario. $\frac{a}{b} \times \frac{c}{d} = \frac{a \times c}{b \times d}$

☆ **Dividir fracciones:** Mantener, Cambiar, Voltear

☆ Mantenga la primera fracción, cambie el signo de división a multiplicación y voltee el numerador y el denominador de la segunda fracción. Entonces, resuelve!

$$\frac{a}{b} \div \frac{c}{d} = \frac{a}{b} \times \frac{d}{c} = \frac{a \times d}{b \times c}$$

Ejemplos:

Ejemplo 1. Multiplica. $\frac{3}{4} \times \frac{2}{5} =$

Solución: Multiplica los números superiores y multiplica los números inferiores. $\frac{3}{4} \times \frac{2}{5} = \frac{3 \times 2}{4 \times 5} = \frac{6}{20}$, ahora, simplifica: $\frac{6}{20} = \frac{6 \div 2}{20 \div 2} = \frac{3}{10}$

Ejemplo 2. Resuelve. $\frac{2}{3} \div \frac{3}{7} =$

Solución: Mantenga la primera fracción, cambie el signo de división a multiplicación y voltee el numerador y el denominador de la segunda fracción. Entonces: $\frac{2}{3} \div \frac{3}{7} = \frac{2}{3} \times \frac{7}{3} = \frac{2 \times 7}{3 \times 3} = \frac{14}{9}$

Ejemplo 3. Calcula. $\frac{6}{5} \times \frac{2}{3} =$

Solución: Multiplica los números superiores y multiplica los números inferiores. $\frac{6}{5} \times \frac{2}{3} = \frac{6 \times 2}{5 \times 3} = \frac{12}{15}$, simplifica: $\frac{12}{15} = \frac{12 \div 3}{15 \div 3} = \frac{4}{5}$

Ejemplo 4. Resuelve. $\frac{4}{5} \div \frac{3}{8} =$

Solución: Mantenga la primera fracción, cambie el signo de división a multiplicación y voltee el numerador y el denominador de la segunda fracción. Entonces: $\frac{4}{5} \div \frac{3}{8} = \frac{4}{5} \times \frac{8}{3} = \frac{4 \times 8}{5 \times 3} = \frac{32}{15}$

Suma de Números Mixtos

Usa los siguientes pasos para la suma de números mixtos:

- ☆ Suma números enteros de los números mixtos.
- ☆ Suma las fracciones de los números mixtos.
- ☆ Encuentre el mínimo común denominador (mcd) si es necesario.
- ☆ Sumar números enteros y fracciones.
- ☆ Escribe tu respuesta en los términos más bajos.

Ejemplos:

Ejemplo 1. Suma números mixtos. $3\frac{2}{3} + 1\frac{2}{5} =$

Solución: Reescribamos nuestra ecuación con partes separadas , $3\frac{2}{3} + 1\frac{2}{5} = 3 + \frac{2}{3} + 1 + \frac{2}{5}$. Ahora, agregue partes de números enteros: $3 + 1 = 4$. Añadir las partes de fracción $\frac{2}{3} + \frac{2}{5}$. Reescribir para resolver con las fracciones equivalentes. $\frac{2}{3} + \frac{2}{5} = \frac{10}{15} + \frac{6}{15} = \frac{16}{15}$. La respuesta es una fracción incorrecta (el numerador es mayor que el denominador). Convertir la fracción incorrecta en un número mixto : $\frac{16}{15} = 1\frac{1}{15}$. Ahora, combina las partes enteras y fraccionarias : $4 + 1\frac{1}{15} = 5\frac{1}{15}$.

Ejemplo 2. Encuentra la suma. $2\frac{1}{2} + 1\frac{3}{5} =$

Solución: Reescribiendo nuestra ecuación con partes separadas , $2 + \frac{1}{2} + 1 + \frac{3}{5}$. Suma las partes de números enteros: $2 + 1 = 3$. Añadir las partes de fracción: $\frac{1}{2} + \frac{3}{5} = \frac{5}{10} + \frac{6}{10} = \frac{11}{10}$.
Convertir la fracción incorrecta en un número mixto: $\frac{11}{10} = 1\frac{1}{10}$.
Ahora, combina las partes enteras y fraccionarias: $3 + 1\frac{1}{10} = 4\frac{1}{10}$.

Resta de Números Mixtos

Sigue estos pasos para la resta de números mixtos .

- ☆ Convierte números mixtos en fracciones incorrectas . $a\frac{c}{b} = \frac{ab+c}{b}$
- ☆ Encuentra fracciones equivalentes con el mismo denominador para fracciones diferentes. (Fracciones con diferentes denominadores)
- ☆ Resta la segunda fracción de la primera. $\frac{a}{b} - \frac{c}{d} = \frac{ad-bc}{bd}$
- ☆ Escribe tu respuesta en los términos más bajos.
- ☆ Si la respuesta es una fracción incorrecta, conviértela en un número mixto.

Ejemplos:

Ejemplo 1. Resta. $2\frac{1}{5} - 1\frac{2}{3} =$

Solución: Convertir números mixtos en fracciones:

$2\frac{1}{5} = \frac{2\times5+1}{5} = \frac{11}{5}$ y $1\frac{2}{3} = \frac{1\times3+2}{3} = \frac{5}{3}$

Estas dos fracciones son fracciones "diferentes". (tienen diferentes denominadores). Encuentra fracciones equivalentes con el mismo denominador.

Usar esta fórmula:

$$\frac{a}{b} - \frac{c}{d} = \frac{ad - \text{bc}}{bd}$$

$$\frac{11}{5} - \frac{5}{3} = \frac{(11)(3)-(5)(5)}{5\times 3} = \frac{33-25}{15} = \frac{8}{15}$$

Ejemplo 2. Encuentra la diferencia. $2\frac{3}{7} - 1\frac{4}{5} =$

Solución: Convertir números mixtos en fracciones:

$2\frac{3}{7} = \frac{2\times7+3}{7} = \frac{17}{7}$ y $1\frac{4}{5} = \frac{1\times5+4}{5} = \frac{9}{5}$

Entonces: $2\frac{3}{7} - 1\frac{4}{5} = \frac{17}{7} - \frac{9}{5} = \frac{(17)(5)-(9)(7)}{7\times 5} = \frac{85-63}{35} = \frac{22}{35}$

Multiplicación de Números Mixtos

Utilice los pasos siguientes para la multiplicación de números mixtos:

☆ Convertir los números mixtos en fracciones. $a\frac{c}{b} = a + \frac{c}{b} = \frac{ab+c}{b}$

☆ Multiplica fracciones. $\frac{a}{b} \times \frac{c}{d} = \frac{a \times c}{b \times d}$

☆ Escribe tu respuesta en los términos más bajos.

☆ Si la respuesta es una fracción incorrecta (el numerador es mayor que el denominador), conviértela en un número mixto.

Ejemplos:

Ejemplo 1. Multiplica. $3\frac{1}{3} \times 2\frac{3}{5} =$

Solución: Convertir números mixtos en fracciones, $3\frac{1}{3} = \frac{3\times3+1}{3} = \frac{10}{3}$ y $2\frac{3}{5} = \frac{2\times5+3}{5} = \frac{13}{5}$. Aplicar la regla de fracciones para la multiplicación:

$$\frac{10}{3} \times \frac{13}{5} = \frac{10 \times 13}{3 \times 5} = \frac{130}{15} = \frac{130 \div 5}{15 \div 5} = \frac{26}{3}$$

La respuesta es una fracción impropia. Conviértelo en un número mixto. $\frac{26}{3} = 8\frac{2}{3}$

Ejemplo 2. Multiplica. $2\frac{3}{4} \times 4\frac{3}{7} =$

Solución: Convertir números mixtos en fracciones, $2\frac{3}{4} \times 4\frac{3}{7} = \frac{11}{4} \times \frac{31}{7}$

Aplicar la regla de fracciones para la multiplicación: $\frac{11}{4} \times \frac{31}{7} = \frac{11\times31}{4\times7} = \frac{341}{28} = 12\frac{5}{28}$

Ejemplo 3. Encuentra el producto . $4\frac{3}{5} \times 3\frac{4}{6} =$

Solución: Convertir números mixtos en fracciones: $4\frac{3}{5} = \frac{23}{5}$ y $3\frac{4}{6} = \frac{22}{6} = \frac{22\div2}{6\div2} = \frac{11}{3}$.

Multiplica dos fracciones:

$$\frac{23}{5} \times \frac{11}{3} = \frac{23\times11}{5\times3} = \frac{253}{15} = 16\frac{13}{15}$$

División de Números Mixtos

Sigue estos pasos para la división de números mixtos:

☆ Convertir los números mixtos en fracciones. $a\frac{c}{b} = a + \frac{c}{b} = \frac{ab+c}{b}$

☆ Dividir fracciones: mantener, cambiar, voltear: Mantenga la primera fracción, cambie el signo de división a multiplicación y voltee el numerador y el denominador de la segunda fracción. Entonces, resuelve! $\frac{a}{b} \div \frac{c}{d} = \frac{a}{b} \times \frac{d}{c} = \frac{a \times d}{b \times c}$

☆ Escribe tu respuesta en los términos más bajos.

☆ Si la respuesta es una fracción incorrecta (el numerador es mayor que el denominador), conviértela en un número mixto.

Ejemplos:

Ejemplo 1. Resuelve. $2\frac{2}{3} \div 1\frac{1}{2} =$

Solución: Convertir números mixtos en fracciones:
$2\frac{2}{3} = \frac{2\times3+2}{3} = \frac{8}{3}$ y $1\frac{1}{2} = \frac{1\times2+1}{2} = \frac{3}{2}$
Mantener, cambiar, voltear: $\frac{8}{3} \div \frac{3}{2} = \frac{8}{3} \times \frac{2}{3} = \frac{8\times2}{3\times3} = \frac{16}{9}$. La respuesta es una fracción impropia. Conviértelo en un número mixto: $\frac{16}{9} = 1\frac{7}{9}$

Ejemplo 2. Resuelve. $4\frac{2}{3} \div 1\frac{3}{5} =$

Solución: Convertir números mixtos en fracciones, Entonces resuelve:
$4\frac{2}{3} \div 1\frac{3}{5} = \frac{14}{3} \div \frac{8}{5} = \frac{14}{3} \times \frac{5}{8} = \frac{70}{24} = 2\frac{11}{12}$

Ejemplo 3. Resuelve. $3\frac{2}{5} \div 2\frac{1}{3} =$

Solución: Convertir números mixtos en fracciones: $3\frac{2}{5} \div 2\frac{1}{3} = \frac{17}{5} \div \frac{7}{3}$
Mantener, cambiar, voltear: $\frac{17}{5} \div \frac{7}{3} = \frac{17}{5} \times \frac{3}{7} = \frac{17\times3}{5\times7} = \frac{51}{35} = 1\frac{16}{35}$

Día 1: Práctica

Simplifique cada fracción.

1) $\frac{2}{8} =$

2) $\frac{5}{15} =$

3) $\frac{12}{36} =$

4) $\frac{65}{120} =$

Encuentra la suma o diferencia.

5) $\frac{3}{10} + \frac{2}{10} =$

6) $\frac{4}{5} + \frac{1}{10} =$

7) $\frac{3}{4} + \frac{6}{20} =$

8) $\frac{4}{9} - \frac{1}{9} =$

9) $\frac{3}{8} - \frac{1}{6} =$

10) $\frac{9}{21} - \frac{2}{7} =$

Encuentra los productos o cocientes.

11) $\frac{3}{4} \div \frac{9}{12} =$

12) $\frac{7}{10} \div \frac{21}{20} =$

13) $\frac{12}{21} \div \frac{3}{7} =$

14) $\frac{12}{5} \times \frac{10}{24} =$

15) $\frac{33}{36} \times \frac{3}{4} =$

16) $\frac{7}{9} \times \frac{1}{3} =$

Encuentra la suma.

17) $3\frac{1}{2} + 1\frac{3}{4} =$

18) $4\frac{1}{8} + 2\frac{7}{8} =$

19) $4\frac{1}{2} + 2\frac{3}{8} =$

20) $1\frac{2}{21} + 4\frac{4}{7} =$

21) $6\frac{3}{5} + 1\frac{2}{3} =$

22) $2\frac{3}{11} + 3\frac{1}{2} =$

Encuentra la diferencia.

23) $6\frac{2}{3} - 4\frac{1}{3} =$

24) $5\frac{2}{5} - 3\frac{1}{5} =$

25) $8\frac{1}{2} - 3\frac{1}{4} =$

26) $7\frac{2}{3} - 2\frac{1}{6} =$

Encuentra los productos.

27) $1\frac{2}{3} \times 2\frac{3}{4} =$

28) $1\frac{1}{6} \times 1\frac{3}{5} =$

29) $4\frac{1}{2} \times 1\frac{2}{3} =$

30) $2\frac{1}{2} \times 4\frac{4}{5} =$

31) $2\frac{1}{5} \times 4\frac{1}{2} =$

32) $1\frac{1}{9} \times 2\frac{3}{5} =$

Resuelve.

33) $3\frac{1}{3} \div 1\frac{2}{3} =$

34) $4\frac{2}{3} \div 2\frac{1}{2} =$

35) $6\frac{1}{5} \div 2\frac{1}{3} =$

36) $2\frac{2}{3} \div 1\frac{4}{9} =$

37) $4\frac{1}{6} \div 2\frac{1}{8} =$

38) $3\frac{2}{5} \div 1\frac{5}{4} =$

39) Una pizza cortada en 6 partes. David y su hermana Sara pidieron dos pizzas. David comió $\frac{1}{3}$ de su pizza y Eva comió $\frac{1}{2}$ de su pizza. ¿Qué parte de las dos pizzas quedaba?

40) Jake se está preparando para correr un maratón. Corre $9\frac{1}{3}$ millas el sábado y dos veces esa cantidad el lunes y el miércoles. Jake quiere correr un total de 50 millas esta semana. ¿Cuántas millas más necesita correr?

41) La semana pasada, 21.000 aficionados asistieron a un partido de fútbol. Esta semana cuatro veces más compraron boletos, pero un tercio de ellos canceló sus boletos. ¿Cuántos asistirán esta semana? ?

42) En una bolsa de bolas pequeñas, $\frac{1}{2}$ son negras, $\frac{1}{4}$ son blancas, $\frac{1}{8}$ son rojas y las 16 restantes azules. ¿Cuántas bolas son blancas?

Día 1: Respuestas

1) $\frac{2}{8}=\frac{2\div2}{8\div2}=\frac{1}{4}$

2) $\frac{5}{15}=\frac{5\div5}{15\div5}=\frac{1}{3}$

3) $\frac{12}{36}=\frac{12\div12}{36\div12}=\frac{1}{3}$

4) $\frac{65}{120}=\frac{65\div5}{120\div5}=\frac{13}{24}$

5) $\frac{3}{10}+\frac{2}{10}=\frac{3+2}{10}=\frac{5}{10}=\frac{5\div5}{10\div5}=\frac{1}{2}$

6) $\frac{4}{5}+\frac{1}{10}=\frac{4\times2}{5\times2}+\frac{1}{10}=\frac{8}{10}+\frac{1}{10}=\frac{8+1}{10}=\frac{9}{10}$

7) $\frac{3}{4}+\frac{6}{20}=\frac{3\times5}{4\times5}+\frac{6}{20}=\frac{15}{20}+\frac{6}{20}=\frac{21}{20}$

8) $\frac{4}{9}-\frac{1}{9}=\frac{4-1}{9}=\frac{3}{9}=\frac{3\div3}{9\div3}=\frac{1}{3}$

9) $\frac{3}{8}-\frac{1}{6}=\frac{3\times6}{8\times6}-\frac{1\times8}{6\times8}=\frac{18}{48}-\frac{8}{48}=\frac{18-8}{48}=\frac{10}{48}=\frac{10\div2}{48\div2}=\frac{5}{24}$

10) $\frac{9}{21}-\frac{2}{7}=\frac{9}{21}-\frac{2\times3}{7\times3}=\frac{9}{21}-\frac{6}{21}=\frac{9-6}{21}=\frac{3}{21}=\frac{3\div3}{21\div3}=\frac{1}{7}$

11) $\frac{3}{4}\div\frac{9}{12}=\frac{3}{4}\times\frac{12}{9}=\frac{36}{36}=1$

12) $\frac{7}{10}\div\frac{21}{20}=\frac{7}{10}\times\frac{20}{21}=\frac{140}{210}=\frac{140\div70}{210\div70}=\frac{2}{3}$

13) $\frac{12}{21}\div\frac{3}{7}=\frac{12\div3}{21\div3}\times\frac{7}{3}=\frac{4}{7}\times\frac{7}{3}=\frac{28}{21}=\frac{28\div7}{21\div7}=\frac{4}{3}$

14) $\frac{12}{5}\times\frac{10}{24}=\frac{120}{120}=1$

15) $\frac{33}{36}\times\frac{3}{4}=\frac{33\div3}{36\div3}\times\frac{3}{4}=\frac{11}{12}\times\frac{3}{4}=\frac{33\div3}{48\div3}=\frac{11}{16}$

16) $\frac{7}{9}\times\frac{1}{3}=\frac{7}{27}$

17) $3\frac{1}{2}+1\frac{3}{4}\rightarrow 3+\frac{1}{2}+1+\frac{3}{4}\rightarrow 3+1=4,\ \frac{1}{2}+\frac{3}{4}=\frac{1\times2}{2\times2}+\frac{3}{4}=\frac{2}{4}+\frac{3}{4}=\frac{2+3}{4}=\rightarrow$

$\frac{5}{4}=1\frac{1}{4},\ 4+1\frac{1}{4}=5\frac{1}{4}$

18) $4\frac{1}{8}+2\frac{7}{8}\rightarrow 4+\frac{1}{8}+2+\frac{7}{8}\rightarrow 4+2=6,\ \frac{1}{8}+\frac{7}{8}=\frac{1+7}{8}=\frac{8}{8}=1\rightarrow 6+1=7$

19) $4\frac{1}{2}+2\frac{3}{8}\rightarrow 4+\frac{1}{2}+2+\frac{3}{8}\rightarrow 4+2=6,\ \frac{1}{2}+\frac{3}{8}=\frac{1\times4}{2\times4}+\frac{3}{8}=\frac{4}{8}+\frac{3}{8}=\frac{4+3}{8}=\frac{7}{8}\rightarrow$

$6+\frac{7}{8}=6\frac{7}{8}$

20) $1\frac{2}{21}+4\frac{4}{7}\rightarrow 1+\frac{2}{21}+4+\frac{4}{7}\rightarrow 1+4=5,\ \frac{2}{21}+\frac{4}{7}=\frac{2}{21}+\frac{4\times3}{7\times3}+=\frac{2}{21}+\frac{12}{21}=\frac{2+12}{21}=\frac{14}{21}=$

$\frac{14\div7}{21\div7}=\frac{2}{3}$

$\rightarrow 5+\frac{2}{3}=5\frac{2}{3}$

21) $6\frac{3}{5}+1\frac{2}{3}\rightarrow 6+\frac{3}{5}+1+\frac{2}{3}\rightarrow 6+1=7,\ \frac{3}{5}+\frac{2}{3}=\frac{3\times3}{5\times3}+\frac{2\times5}{3\times5}=\frac{9}{15}+\frac{10}{15}=\frac{9+10}{15}=\frac{19}{15}=1\frac{4}{15}\rightarrow$

$7+1\frac{4}{15}=8\frac{4}{15}$

22) $2\frac{3}{11}+3\frac{1}{2}\rightarrow 2+\frac{3}{11}+3+\frac{1}{2}\rightarrow 2+3=5,\ \frac{3}{11}+\frac{1}{2}=\frac{3\times2}{11\times2}+\frac{1\times11}{2\times11}=\frac{6}{22}+\frac{11}{22}=\frac{6+11}{22}=\frac{17}{22}$

$\rightarrow 5+\frac{17}{22}=5\frac{17}{22}$

23) $6\frac{2}{3}-4\frac{1}{3}\rightarrow 6+\frac{2}{3}-4-\frac{1}{3}\rightarrow 6-4=2,\ \frac{2}{3}-\frac{1}{3}=\rightarrow\frac{2-1}{3}=\frac{1}{3}\rightarrow 2+\frac{1}{3}=2\frac{1}{3}$

24) $5\frac{2}{5}-3\frac{1}{5}\rightarrow 5+\frac{2}{5}-3-\frac{1}{5}\rightarrow 5-3=2,\ \frac{2}{5}-\frac{1}{5}=\frac{1}{5}\rightarrow 2+\frac{1}{5}=2\frac{1}{5}$

25) $8\frac{1}{2}-3\frac{1}{4}\rightarrow 8+\frac{1}{2}-3-\frac{1}{4}\rightarrow 8-3=5,\ \frac{1}{2}-\frac{1}{4}=\frac{1\times2}{2\times2}-\frac{1}{4}=\frac{1}{4}\rightarrow 5+\frac{1}{4}=5\frac{1}{4}$

26) $7\frac{2}{3}-2\frac{1}{6}\rightarrow 7+\frac{2}{3}-2-\frac{1}{6}\rightarrow 7-2=5,\ \frac{2}{3}-\frac{1}{6}=\frac{2\times2}{3\times2}-\frac{1}{6}=\frac{3\div3}{6\div3}=\frac{1}{2}\rightarrow 5+\frac{1}{2}=5\frac{1}{2}$

27) $1\frac{2}{3}\times 2\frac{3}{4}\rightarrow 1\frac{2}{3}=\frac{1\times3+2}{3}=\frac{5}{3},\ 2\frac{3}{4}=\frac{2\times4+3}{4}=\frac{11}{4}\rightarrow\frac{5}{3}\times\frac{11}{4}=\frac{5\times11}{3\times4}=\frac{55}{12}=4\frac{7}{12}$

28) $1\frac{1}{6}\times 1\frac{3}{5}\rightarrow 1\frac{1}{6}=\frac{1\times6+1}{6}=\frac{7}{6},\ 1\frac{3}{5}=\frac{1\times5+3}{5}=\frac{8}{5}\rightarrow\frac{7}{6}\times\frac{8}{5}=\frac{7\times8}{6\times5}=\frac{56}{30}=\frac{56\div2}{30\div2}=\frac{28}{15}=1\frac{13}{15}$

29) $4\frac{1}{2}\times 1\frac{2}{3}\rightarrow 4\frac{1}{2}=\frac{4\times2+1}{2}=\frac{9}{2},\ 1\frac{2}{3}=\frac{1\times3+2}{3}=\frac{5}{3}\rightarrow\frac{9}{2}\times\frac{5}{3}=\frac{9\times5}{2\times3}=\frac{45}{6}=\frac{45\div3}{6\div3}=\frac{15}{2}=7\frac{1}{2}$

30) $2\frac{1}{2}\times 4\frac{4}{5}\rightarrow 2\frac{1}{2}=\frac{2\times2+1}{2}=\frac{5}{2},\ 4\frac{4}{5}=\frac{4\times5+4}{5}=\frac{24}{5}\rightarrow\frac{5}{2}\times\frac{24}{5}=\frac{5\times24}{2\times5}=\frac{120}{10}=12$

31) $2\frac{1}{5}\times 4\frac{1}{2}\rightarrow 2\frac{1}{5}=\frac{2\times5+1}{5}=\frac{11}{5},\ 4\frac{1}{2}=\frac{4\times2+1}{2}=\frac{9}{2}\rightarrow\frac{11}{5}\times\frac{9}{2}=\frac{11\times9}{5\times2}=\frac{99}{10}=9\frac{9}{10}$

32) $1\frac{1}{9}\times 2\frac{3}{5}\rightarrow 1\frac{1}{9}=\frac{1\times9+1}{9}=\frac{10}{9},\ 2\frac{3}{5}=\frac{2\times5+3}{5}=\frac{13}{5}\rightarrow\frac{10}{9}\times\frac{13}{5}=\frac{10\times13}{9\times5}=\frac{130}{45}=\frac{130\div5}{45\div5}\rightarrow$

$\frac{26}{9}=2\frac{8}{9}$

33) $3\frac{1}{3}\div 1\frac{2}{3}\rightarrow 3\frac{1}{3}=\frac{3\times3+1}{3}=\frac{10}{3},\ 1\frac{2}{3}=\frac{1\times3+2}{3}=\frac{5}{3}\rightarrow\frac{10}{3}\div\frac{5}{3}=\frac{10}{3}\times\frac{3}{5}=\frac{30}{15}=2$

34) $4\frac{2}{3}\div 2\frac{1}{2}\rightarrow 4\frac{2}{3}=\frac{4\times3+2}{3}=\frac{14}{3},\ 2\frac{1}{2}=\frac{2\times2+1}{2}=\frac{5}{2}\rightarrow\frac{14}{3}\div\frac{5}{2}=\frac{14}{3}\times\frac{2}{5}=\frac{28}{15}=1\frac{13}{15}$

35) $6\frac{1}{5}\div 2\frac{1}{3}\rightarrow 6\frac{1}{5}=\frac{6\times5+1}{5}=\frac{31}{5},\ 2\frac{1}{3}=\frac{2\times3+1}{3}=\frac{7}{3}\rightarrow\frac{31}{5}\div\frac{7}{3}=\frac{31}{5}\times\frac{3}{7}=\frac{93}{35}=2\frac{23}{35}$

36) $2\frac{2}{3}\div 1\frac{4}{9}\rightarrow 2\frac{2}{3}=\frac{2\times3+2}{3}=\frac{8}{3},\ 1\frac{4}{9}=\frac{1\times9+4}{9}=\frac{13}{9}\rightarrow\frac{8}{3}\div\frac{13}{9}=\frac{8}{3}\times\frac{9}{13}=\frac{72\div3}{39\div3}=\frac{24}{13}=1\frac{11}{13}$

37) $4\frac{1}{6} \div 2\frac{1}{8} \rightarrow 4\frac{1}{6} = \frac{4\times6+1}{6} = \frac{25}{6}, 2\frac{1}{8} = \frac{2\times8+1}{8} = \frac{17}{8} \rightarrow \frac{25}{6} \div \frac{17}{8} = \frac{25}{6} \times \frac{8}{17} = \frac{200\div2}{102\div2} \rightarrow$

$\frac{100}{51} = 1\frac{49}{51}$

38) $3\frac{2}{5} \div 1\frac{5}{4} \rightarrow 3\frac{2}{5} = \frac{3\times5+2}{5} = \frac{17}{5}, 1\frac{5}{4} = \frac{1\times4+5}{4} = \frac{9}{4} \rightarrow \frac{17}{5} \div \frac{9}{4} = \frac{17}{5} \times \frac{4}{9} = \frac{68}{45} = 1\frac{23}{45}$

39) David comió $\frac{1}{3}$ de 6 partes de su pizza $\rightarrow \frac{1}{3} \times 6 = \frac{6\div3}{3\div3} = 2 \rightarrow$

Significa 2 partes de 6 partes y 4 partes dejadas. Sara comió $\frac{1}{2}$ de 6 partes de su pizza:

$\rightarrow \frac{1}{2} \times 6 = \frac{6\div2}{2\div2} = 3 \rightarrow$

Significa 3 partes de 6 partes y 3 partes dejadas. Por lo tanto, comieron $(2 + 3)$ partes de $(6 + 6)$ partes de su pizza y dejaron $(4 + 3)$ partes de $(6 + 6)$ partes de su pizza que equivalen a: $\frac{7}{12}$

40) Jake corre $9\frac{1}{3}$ millas el sábado y $2 \times \left(9\frac{1}{3}\right)$ millas los lunes y miércoles. Jake quiere correr un total de 50 millas esta semana. Por lo tanto , $9\frac{1}{3} + 2 \times \left(9\frac{1}{3}\right)$ debe restarse de 50:

$50 - \left(9\frac{1}{3} + \left(2 \times 9\frac{1}{3}\right)\right) = 50 - \left(\frac{9\times3+1}{3} + \left(2 \times \frac{9\times3+1}{3}\right)\right) = 50 - \left(\frac{28}{3} + \frac{56}{3}\right) = 50 - \left(\frac{28+56}{3}\right) = 50 - \left(\frac{84}{3}\right) = 50 - (28) = 22$ millas.

41) Cuatro veces de 21,000 es 84,000. Un tercio de ellos canceló sus boletos. Un tercio de 84,000 equivale a 28,000. ($\frac{1}{3} \times 84{,}000 = 28{,}000$).

84,000 – 28,000 = 56,000 fans asistirán esta semana.

42) Sea x el número total de bolas. Entonces: $\frac{1}{2}x + \frac{1}{4}x + \frac{1}{8}x + 16 = x$

$\left(\frac{1}{2} + \frac{1}{4} + \frac{1}{8}\right)x + 16 = x \rightarrow \left(\frac{1\times4}{2\times4} + \frac{1\times2}{4\times2} + \frac{1}{8}\right)x + 16 = x \rightarrow$

$\left(\frac{4}{8} + \frac{2}{8} + \frac{1}{8}\right)x + 16 = x \rightarrow \left(\frac{7}{8}\right)x + 16 = x \rightarrow 16 = x - \frac{7}{8}x \rightarrow 16 = \frac{1}{8}x$

$\rightarrow$ Multiplica ambos lados por 8: $16 \times 8 = \frac{1}{8}x \times 8 \rightarrow 128 = x$

x es el número total de bolas. Por lo tanto, el número de bolas blancas es:

$\frac{1}{4}x = \frac{1}{4} \times 128 = 32$

Decimales y Enteros

Temas matemáticos que aprenderás en este capítulo:

1. Comparación de Decimales
2. Redondeo de Decimales
3. Suma y Resta de Decimales
4. Multiplicación y División de Decimales
5. Suma y Resta de Enteros
6. Multiplicación y División de Enteros
7. Orden de Operaciones
8. Enteros y Valor Absoluto

Comparación de Decimales

☆ Un decimal es una fracción escrita en una forma especial. Por ejemplo, en lugar de escribir $\frac{1}{2}$ puedes escribir: 0.5

☆ Un número decimal contiene un punto decimal. Separa la parte numérica entera de la parte fraccionaria de un número decimal.

☆ Repasemos los valores decimales: Ejemplo: 45.3861

4: decenas | 5: unidades | 3: décimas

8: centésimas | 6: milésimas | 1: decenas de milésimas

☆ Para comparar dos decimales, compare cada dígito de dos decimales en el mismo valor posicional. Empieza desde la izquierda. Compara cientos, decenas, unos, décimo, centésimo, etc.

☆ Para comparar números, use estos símbolos :

Igual a $=$ | Menor que $<$ | Mayor que $>$

Menor que o igual $\leq$ | Mayor que o igual $\geq$

Ejemplos:

Example 1. Compara 0.05 y 0.50.

Solución: 0.50 es mayor que 0.05, porque el décimo lugar de 0.50 es 5, pero el décimo lugar de 0.05 es cero. Entonces: $0.05 < 0.50$

Example 1. Compare 0.0512 y 0.181.

Solución: 0.181 es mayor que 0.0512, porque el décimo lugar de 0.181 es 1, pero el décimo lugar de 0.0512 es cero. Entonces: $0.0512 < 0.181$

Redondeo de Decimales

☆ Podemos redondear decimales a una cierta precisión o número de decimales. Esto se utiliza para hacer cálculos más fáciles de hacer y resultados más fáciles de entender cuando los valores exactos no son demasiado importantes.

☆ Primero, tendrás que recordar tus valores posicionales: Por ejemplo: 12.4869

1: decenas   2: unidades   4: décimas

8: centésimas   6: milésimas   9: decenas de milésimas

☆ Para redondear un decimal, primero busca el valor posicional al que redondearás.

☆ Busca el dígito a la derecha del valor posicional al que estás redondeando. Si es 5 o mayor, agregue 1 al valor posicional al que está redondeando y elimine todos los dígitos en su lado derecho. Si el dígito a la derecha del valor posicional es menor que 5, mantenga el valor posicional y elimine todos los dígitos de la derecha.

Ejemplos:

Ejemplo 1. Redondea 3.2568 al milésimo valor del lugar.

Solución: Primero, mire el siguiente valor posicional a la derecha, (decenas de milésimas). Es 8 y es mayor que 5. Así suma 1 al dígito en el milésimo lugar. El milésimo lugar es 6.→ $6 + 1 = 7$, Entonces, la respuesta es 3.257.

Ejemplo 2. Redondea 2.3628 a la centésima más cercana.

Solución: Primero, mire el dígito a la derecha de la centésima (milésimas de valor posicional). Es 2 y es menor que 5, por lo tanto, elimine todos los dígitos a la derecha del centésimo lugar . Entonces, la respuesta es 2.36.

Suma y Resta de Decimales

☆ Alinea los números decimales.

☆ Agregue ceros para tener el mismo número de dígitos para ambos números si es necesario.

☆ Recuerda tus valores posicionales: Por ejemplo : 73.5196

7: decenas	3: unidades	5: décimas
1: centésimas	9: milésimas	6: decenas de milésimas

☆ Sumar o restar usando suma o resta de columnas.

Ejemplos:

Ejemplo 1. Suma. $2.6 + 3.25 =$

Solución: Primero, alinea los números : $\frac{\begin{array}{r}2.6\\+3.25\end{array}}{}$ → Agregue un cero para tener el mismo número de dígitos para ambos números. $\frac{\begin{array}{r}2.60\\+3.25\end{array}}{}$ → Empieza por el lugar centésimas:
$0 + 5 = 5$, $\begin{array}{r}2.60\\\underline{+3.25}\\5\end{array}$ → Continuar con el lugar de las décimas: $6 + 2 = 8$, $\begin{array}{r}2.60\\\underline{+3.25}\\.85\end{array}$ → Suma al lugar de unidades: $2 + 3 = 5$, $\begin{array}{r}2.60\\\underline{+3.25}\\5.85\end{array}$. La respuesta es 5.85.

Ejemplo 2. Encuentra la diferencia. $4.26 - 3.12 =$

Solución: Primero, alinea los números: $\frac{\begin{array}{r}4.26\\-3.12\end{array}}{}$ → Empieza por el lugar centésimas: $6 - 2 = 4$, $\begin{array}{r}4.26\\\underline{-3.12}\\4\end{array}$ → Continuar con el lugar de las décimas. $2 - 1 = 1$, $\begin{array}{r}4.26\\\underline{-3.12}\\.14\end{array}$ → Resta al lugar de unidades. $4 - 3 = 1$, $\begin{array}{r}4.26\\\underline{-3.12}\\1.14\end{array}$

Multiplicación y División de Decimales

Para multiplicar decimales:

☆ Ignora el punto decimal y configura y multiplica los números como lo haces con números enteros.

☆ Contar el número total de decimales en ambos factores.

☆ Coloque el punto decimal en el producto.

Para dividir decimales:

☆ Si el divisor no es un número entero, mueva el punto decimal hacia la derecha para convertirlo en un número entero. Haz lo mismo con el dividendo.

☆ Dividir de manera similar a los números entero.

Ejemplos:

Ejemplo 1. Encuentra el producto. $0.53 \times 0.32 =$

Solución: Configura y multiplica los números como lo haces con números enteros. Alinea los números: $\begin{array}{r} 53 \\ \underline{\times 32} \end{array}$ → Comience con los lugares de unos, luego continúe con otros dígitos →$\begin{array}{r} 53 \\ \underline{\times 32} \\ 1{,}696 \end{array}$. Cuente el número total de decimales en ambos factores. Hay cuatro dígitos decimales. (dos para cada factor 0.53 y 0.32) entonces:
$0.53 \times 0.32 = 0.1696$

Ejemplo 2. Encuentra el cociente. $1.50 \div 0.5 =$

Solución: El divisor no es un número entero. Multiplícalo por 10 para obtener 5:
→ $0.5 \times 10 = 5$
Haga lo mismo para que el dividendo obtenga 15.→ $1.50 \times 10 = 15$
Ahora, divide $15 \div 5 = 3$. La respuesta es 3.

Suma y Resta de Enteros

☆ Los enteros incluyen cero, números de conteo y el negativo de los números de conteo $\{\dots, -3, -2, -1, 0, 1, 2, 3, \dots\}$

☆ Agregue un entero positivo moviéndose hacia la derecha en la recta numérica. (obtendrás un número mayor)

☆ Agregue un entero negativo moviéndose hacia la izquierda en la recta numérica. (obtendrá un número más pequeño)

☆ Reste un entero sumando su opuesto.

Línea numérica

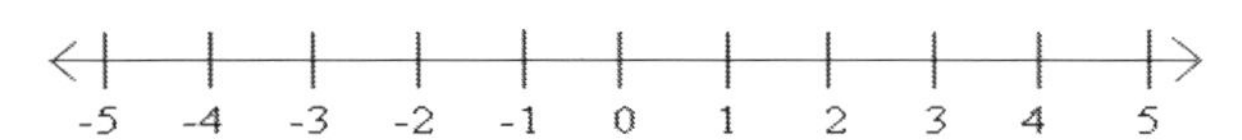

Ejemplos:

Ejemplo 1. Resuelve. $(-3) - (-5) =$

Solución: Mantenga el primer número y convierta el signo del segundo número a su opuesto. (cambiar resta en suma) . Entonces: $(-3) + 5 = 2$

Ejemplo 2. Resuelve. $5 + (2 - 8) =$

Solución: Primero, resta los números entre paréntesis, $2 - 8 = -6$
Entonces: $5 + (-6) =\rightarrow$ cambiar suma en resta: $5 - 6 = -1$

Ejemplo 3. Resuelve. $(8 - 15) + 14 =$

Solución: Primero, resta los números entre paréntesis, $8 - 15 = -7$
Entonces: $-7 + 14 =\rightarrow -7 + 14 = 7$

Ejemplo 4. Resuelve. $18 + (-5 - 17) =$

Solución: Primero, resta los números entre paréntesis, $-5 - 17 = -22$
Entonces: $18 + (-22) =\rightarrow$ cambiar suma en resta: $18 - 22 = -4$

Multiplicación y División de Enteros

Utilice las siguientes reglas para la multiplicación y división de enteros:

☆ (negativo) × (negativo) = positivo

☆ (negativo) ÷ (negativo) = positivo

☆ (negativo) × (positivo) = negativo

☆ (negativo) ÷ (positivo) = negativo

☆ (positivo) × (positivo) = positivo

☆ (positivo) ÷ (negativo) = negativo

Ejemplos:

Ejemplo 1. Resuelve. $5 \times (-2) =$

Solución: Utilice esta regla: (positivo) × (negativo) = negativo.
Entonces: $(5) \times (-2) = -10$

Ejemplo 2. Resuelve. $(-2) + (-30 \div 6) =$

Solución: Primero, divide -30 entre 6, los números entre paréntesis, use esta regla:
(negativo) ÷ (positivo) = negativo. Entonces: $-30 \div 6 = -5$
$(-2) + (-30 \div 6) = (-2) + (-5) = -2 - 5 = -7$

Ejemplo 3. Resuelve. $(13 - 16) \times (-3) =$

Solución: Primero, resta los números entre paréntesis,
$13 - 16 = -3 \rightarrow (-3) \times (-3) =$
Ahora usa esta regla: (negativo) × (negativo) = positivo→ $(-3) \times (-3) = 9$

Ejemplo 4. Resuelve. $(18 - 3) \div (-5) =$

Solución: Primero, resta los números entre paréntesis,
$18 - 3 = 15 \rightarrow (15) \div (-5) =$
Ahora usa esta regla: (positivo) ÷ (negativo) = negativo→ $(15) \div (-5) = -3$

Orden de Operaciones

☆ En matemáticas, las "operaciones" son suma, resta, multiplicación, división, exponenciación (escrito como b^n) y agrupación.

☆ Cuando hay más de una operación matemática en una expresión, use PEMDAS: (Para memorizar esta regla, recuerda la frase *"Please Excuse My Dear Aunt Sally"*.)

- Paréntesis
- Exponentes
- Multiplicación y División (de izquierda a derecha)
- Suma y Resta (de izquierda a derecha)

Ejemplos:

Example 1. Calcula. $(3 + 5) \div (8 \div 4) =$

Solución: Primero, simplifique entre paréntesis:
$(3 + 5) \div (8 \div 4) = (8) \div (8 \div 4) = (8) \div (2)$. Entonces: $(8) \div (2) = 4$

Example 2. Resuelve. $(4 \times 3) - (14 - 3) =$

Solución: Primero, calcule entre paréntesis: $(4 \times 3) - (14 - 3) = (12) - (11)$, Entonces: $(12) - (11) = 1$

Example 3. Calcula. $-3[(6 \times 5) \div (5 \times 3)] =$

Solución: Primero, calcule entre paréntesis:
$-3[(6 \times 5) \div (5 \times 3)] = -3[(30) \div (5 \times 3)] = -3[(30) \div (15)] = -3[2]$
Multiplica -3 y 2. Entonces: $-3[2] = -6$

Example 4. Resuelve. $(32 \div 4) + (-25 + 5) =$

Solución: Primero, calcule entre paréntesis:
$(32 \div 4) + (-25 + 5) = (8) + (-20)$. Entonces: $(8) - (20) = -12$

Enteros y Valor Absoluto

☆ El valor absoluto de un número es su distancia desde cero, en cualquier dirección, en la recta numérica. Por ejemplo, la distancia de 9 y -9 desde cero en la recta numérica es 9.

☆ El valor absoluto de un entero es el valor numérico sin su signo. (negativo o positivo)

☆ La barra vertical se utiliza para el valor absoluto como en $|x|$.

☆ El valor absoluto de un número nunca es negativo; porque solo muestra: "Qué tan lejos está el número de cero ".

Ejemplos:

Example 1. Calcula. $|15 - 3| \times 6 =$

Solución: Primero, resuelve $|15 - 3| \rightarrow |15 - 3| = |12|$, el valor absoluto de 12 es 12, $|12| = 12$. Entonces: $12 \times 6 = 72$

Example 2. Resuelve. $|-35| \times |6 - 10| =$

Solución: Primero, encuentra $|-35| \rightarrow$ el valor absoluto de -35 es 35. Entonces: $|-35| = 35$, $|-35| \times |6 - 10| =$
Ahora, calcula $|6 - 10| \rightarrow |6 - 10| = |-4|$, el valor absoluto de -4 es 4. $|-4| = 4$
Entonces: $35 \times 4 = 140$

Example 3. Resuelve. $|12 - 6| \times \frac{|-4\times5|}{3} =$

Solución: Primero, calcula $|12 - 6| \rightarrow |12 - 6| = |6|$, el valor absoluto de 6 es 6, $|6| = 6$. Entonces: $6 \times \frac{|-4\times5|}{3} =$
Ahora calcula $|-4 \times 5| \rightarrow |-4 \times 5| = |-20|$, el valor absoluto de -20 es 20, $|-20| = 20$. Entonces: $6 \times \frac{20}{3} = \frac{6\times20}{3} = \frac{120}{3} = 40$

Día 2: Práctica

Compara. Usa >, =, y <

1) 0.3 □ 0.2
2) 0.98 □ 0.71
3) 5.01 □ 5.0100
4) 0.427 □ 0.435

Redondear cada decimal al número entero más cercano.

5) 4.9
6) 6.3
7) 75.66
8) 93.03

Encuentra la suma o diferencia.

9) $2.5 + 11.1 =$
10) $12.83 + 14.11 =$
11) $13.8 - 9.2 =$
12) $43.55 - 21.32 =$

Encuentra el producto o cociente.

13) $5.1 \times 0.2 =$
14) $0.35 \times 1.2 =$
15) $2.1 \div 0.3$
16) $25.5 \div 0.5$

Encuentra cada suma o diferencia.

17) $-6 + 17 =$
18) $12 - 21 =$
19) $31 - (-4) =$
20) $(7 + 5) + (8 - 3) =$

21) $(2 - 3) - (15 - 11) =$

22) $(-8 - 7) - (-6 - 2) =$

Resuelve.

23) $2 \times (-4) =$

24) $(-5) \times (-3) =$

25) $(-15) \div 5 =$

26) $(-4) \times (-5) \times (-2) =$

27) $(-6 + 36) \div (-2) =$

28) $(-25 + 5) \times (-5 - 3) =$

Evalúa cada expresión.

29) $5 - (2 \times 3) =$

30) $(6 \times 5) - 8 =$

31) $(-5 \times 3) + 4 =$

32) $(-35 \div 5) - (12 + 2) =$

33) $4 \times [(2 \times 3) \div (-3 + 1)] =$

34) $35 \div [(6 - 1) \times (7 - 8)] =$

Encuentra las respuestas.

35) $|-3| + |7 - 9| =$

36) $|8 - 10| + |6 - 7| =$

37) $|-6 + 10| - |-9 - 3| =$

38) $3 + |2 - 1| + |3 - 12| =$

39) $-8 - |3 - 6| + |2 + 3| =$

40) $|-6| \times |-5.4| =$

41) $|3 \times (-4)| \times \frac{8}{3} =$

42) $|(-2) \times (-2)| \times \frac{1}{4} =$

43) $|-8| + |(-8) \times 2| =$

44) $|(-3) \times (-5)| \times |(-3) \times (-4)| =$

Encuentra las respuestas.

45) Redondea 4.2873 al milésimo valor del lugar

46) $[6 \times (-16) + 8] - (-4) + [4 \times 5] \div 2 =$

Día 2: Respuestas

1) $0.3 > 0.2$
2) $0.98 > 0.71$
3) $5.01 = 5.0100$
4) $0.427 < 0.435$
5) $4.9 \approx 5$
6) $6.3 \approx 6$
7) $75.66 \approx 76$
8) $93.03 \approx 93$

9) $\frac{\begin{array}{r}2.5\\+11.1\end{array}}{} \rightarrow 5+1=6 \rightarrow \frac{\begin{array}{r}2.5\\+11.1\end{array}}{.6} \rightarrow 2+1=3 \rightarrow \frac{\begin{array}{r}2.5\\+11.1\end{array}}{3.6} \rightarrow 0+1=1 \rightarrow \frac{\begin{array}{r}2.5\\+11.1\end{array}}{13.6}$

10) $\frac{\begin{array}{r}12.83\\+14.11\end{array}}{} \rightarrow 3+1=4 \rightarrow \frac{\begin{array}{r}12.83\\+14.11\end{array}}{4} \rightarrow 8+1=9 \rightarrow \frac{\begin{array}{r}12.83\\+14.11\end{array}}{.94} \rightarrow 2+4=6 \rightarrow \frac{\begin{array}{r}12.83\\+14.11\end{array}}{6.94} \rightarrow 1+1=2 \rightarrow \frac{\begin{array}{r}12.83\\+14.11\end{array}}{26.94}$

11) $\frac{\begin{array}{r}13.8\\-9.2\end{array}}{} \rightarrow 8-2=6 \rightarrow \frac{\begin{array}{r}13.8\\-9.2\end{array}}{.6} \rightarrow 13-9=4 \rightarrow \frac{\begin{array}{r}13.8\\-9.2\end{array}}{4.6}$

12) $\frac{\begin{array}{r}43.55\\-21.32\end{array}}{} \rightarrow 5-2=3 \rightarrow \frac{\begin{array}{r}43.55\\-21.32\end{array}}{3} \rightarrow 5-3=2 \rightarrow \frac{\begin{array}{r}43.55\\-21.32\end{array}}{23} \rightarrow 3-1=2 \rightarrow \frac{\begin{array}{r}43.55\\-21.32\end{array}}{2.23} \rightarrow 4-2=2 \rightarrow \frac{\begin{array}{r}43.55\\-21.32\end{array}}{22.23}$

13) $5.1 \times 0.2 \rightarrow \frac{\begin{array}{r}51\\\times 2\end{array}}{102} \rightarrow 5.1 \times 0.2 = 1.02$

14) $0.35 \times 1.2 \rightarrow \begin{array}{r}35\\\underline{\times 12}\\70\\\underline{+350}\\420\end{array} \rightarrow 0.35 \times 1.2 = 0.420$

15) $2.1 \div 0.3 \rightarrow \frac{2.1 \times 10}{0.3 \times 10} = \frac{21}{3} = 7$

16) $25.5 \div 0.5 \rightarrow \frac{25.50 \times 10}{0.5 \times 10} = \frac{255}{5} = 51$
17) $-6 + 17 = 17 - 6 = 11$
18) $12 - 21 = -9$
19) $31 - (-4) = 31 + 4 = 35$
20) $(7 + 5) + (8 - 3) = 12 + 5 = 17$

21) $(2 - 3) - (15 - 11) = (-1) - (4) = -1 - 4 = -5$
22) $(-8 - 7) - (-6 - 2) = (-15) - (-8) = -15 + 8 = -7$
23) Usa esta regla: (positivo) × (negativo) = negativo → $2 \times (-4) = -8$
24) Usa esta regla: (negativo) × (negativo) = positivo → $(-5) \times (-3) = 15$
25) Usa esta regla: (negativo) ÷ (positivo) = negativo → $(-15) \div 5 = -3$
26) Usa estas reglas: [(negativo) × (negativo) = positivo] y [(positivo) × (negativo) = negativo]→ $(-4) \times (-5) \times (-2) = (20) \times (-2) = -40$
27) Usa esta regla: (positivo)÷ (negativo) = negativo→
$(-6 + 36) \div (-2) = (30) \div (-2) = -15$
28) Usa esta regla: (negativo) × (negativo) = positivo→
$(-25 + 5) \times (-5 - 3) = (-20) \times (-8) = -160$
29) $5 - (2 \times 3) = 5 - 6 = -1$
30) $(6 \times 5) - 8 = 30 - 8 = 22$
31) Usa esta regla: (negativo) × (positivo) = negativo → $(-5 \times 3) + 4 = -15 + 4 = -11$
32) Usa esta regla: (negativo) ÷ (positivo) = negativo →
$(-35 \div 5) - (12 + 2) = -7 - 14 = -21$

33) Usa estas reglas: [(positivo) × (negativo) = negativo] y [(positivo) ÷ (negativo) = negativo]→ $4 \times [(2 \times 3) \div (-3+1)] = 4 \times [6 \div (-2)] = 4 \times (-3) = -12$

34) Usa estas reglas: [(positivo) × (negativo) = negativo] y [(positivo) ÷ (negativo) = negativo]→ $35 \div [(6-1) \times (7-8)] = 35 \div [5 \times (-1)] = 35 \div (-5) = -7$

35) $|-3| + |7-9| = 3 + |-2| = 3 + 2 = 5$

36) $|8-10| + |6-7| = |-2| + |-1| = 2 + 1 = 3$

37) $|-6+10| - |-9-3| = |4| - |-12| = 4 - (12) = 4 - 12 = -8$

38) $3 + |2-1| + |3-12| = 3 + |1| + |-9| = 3 + 1 + (9) = 3 + 1 + 9 = 13$

39) $-8 - |3-6| + |2+3| = -8 - |-3| + |5| = -8 - (3) + 5 = -8 - 3 + 5 = -11 + 5 = -6$

40) $|-6| \times |-5.4| = 6 \times 5.4 = 32.4$

41) $|3 \times (-4)| \times \frac{8}{3} = |-12| \times \frac{8}{3} = 12 \times \frac{8}{3} = \frac{12 \times 8}{3} = 32$

42) $|(-2) \times (-2)| \times \frac{1}{4} = |4| \times \frac{1}{4} = 4 \times \frac{1}{4} = 1$

43) $|-8| + |(-8) \times 2| = 8 + |-16| = 8 + 16 = 24$

44) $|(-3) \times (-5)| \times |(-3) \times (-4)| = |15| \times |12| = 15 \times 12 = 180$

45) $4.2873 \approx 4.287$

46) $[6 \times (-16) + 8] - (-4) + [4 \times 5] \div 2 = [(-96) + 8] - (-4) + [4 \times 5] \div 2 = (-88) - (-4) + (20) \div 2 = (-88) - (-4) + 10 = (-88) + 4 + (10) = -84 + 10 = -74$

Razones, Proporciones y Porcentaje

Temas matemáticos que aprenderás en este capítulo:

1. Simplificación de Razones
2. Razones Proporcionales
3. Similitud y Razones
4. Problemas de Porcentaje
5. Porcentaje de Aumento y Disminución
6. Descuento, Impuesto y Propina
7. Interés Simple

Simplificación de Razones

- ☆ Las proporciones se utilizan para hacer comparaciones entre dos números.
- ☆ Las proporciones se pueden escribir como una fracción, usando la palabra "a", o con dos puntos. Ejemplo: $\frac{3}{4}$ o "3 a 4" o 3:4
- ☆ Puede calcular proporciones equivalentes multiplicando o dividiendo ambos lados de la proporción por el mismo número.

Ejemplos:

Ejemplo 1. Simplifica. $10{:}2 =$

Solución: Ambos números 10 y 2 son divisibles por 2 $\Rightarrow 10 \div 2 = 5, 2 \div 2 = 1$.
Entonces: $10{:}2 = 5{:}1$

Ejemplo 2. Simplifica. $\frac{6}{33} =$

Solución: Ambos números 6 y 33 son divisibles por 3 $\Rightarrow 33 \div 3 = 11,\ 6 \div 3 = 2$.
Entonces: $\frac{6}{33} = \frac{2}{11}$

Ejemplo 3. Hay 30 estudiantes en una clase y 12 son niñas. Encuentra la proporción de niñas y niños en esa clase.

Solución: Resta 12 de 30 para encontrar el número de niños en la clase.
$30 - 12 = 18$. Hay 18 niños en la clase. Por lo tanto, la proporción de niñas a niños es $12{:}18$. Ahora, simplifica esta proporción. Tanto 18 y 12 son divisibles por 6.
Entonces: $18 \div 6 = 3$, y $12 \div 6 = 2$. En la forma más simple, esta relación es $2{:}3$

Ejemplo 4. Una receta requiere mantequilla y azúcar en la proporción 2: 3. Si está usando 6 tazas de mantequilla, ¿cuántas tazas de azúcar debe usar?

Solución: Dado que usa 6 tazas de mantequilla, o 3 veces más, debe multiplicar la cantidad de azúcar por 3. Entonces: $3 \times 3 = 9$. Por lo tanto, debe usar 9 tazas de azúcar. Puede resuelve esto usando fracciones equivalentes : $\frac{2}{3} = \frac{6}{9}$

Razones Proporcionales

☆ Dos razones son proporcionales si representan la misma relación.

☆ Una proporción significa que dos proporciones son iguales. Se puede escribir de dos maneras: $\frac{a}{b} = \frac{c}{d}$ $a : b = c : d$

☆ La proporción $\frac{a}{b} = \frac{c}{d}$ puede escribirse como: $a \times d = c \times b$

Ejemplos:

Ejemplo 1. Resuelve esta proporción para x. $\frac{3}{4} = \frac{9}{x}$

Solución: Usar la multiplicación cruzada: $\frac{3}{4} = \frac{9}{x} \Rightarrow 3 \times x = 4 \times 9 \Rightarrow 3x = 36$
Divide ambos lados entre 3 para encontrar x: $x = \frac{36}{3} \Rightarrow x = 12$

Ejemplo 2. Si una caja contiene bolas rojas y azules en proporción de 4: 7 rojas a azules, ¿cuántas bolas rojas hay si hay 49 bolas azules en la caja?

Solución: Escribe una proporción y resuelve. $\frac{4}{7} = \frac{x}{49}$
Usar la multiplicación cruzada: $4 \times 49 = 7 \times x \Rightarrow 196 = 7x$
Dividir para encontrar x: $x = \frac{196}{7} \Rightarrow x = 28$. Hay 28 bolas rojas en la caja.

Ejemplo 3. Resuelve esta proporción para x. $\frac{5}{8} = \frac{20}{x}$

Solución: Usar la multiplicación cruzada: $\frac{5}{8} = \frac{20}{x} \Rightarrow 5 \times x = 8 \times 20 \Rightarrow 5x = 160$
Dividir para encontrar x: $x = \frac{160}{5} \Rightarrow x = 32$

Ejemplo 4. Resuelve esta proporción para x. $\frac{7}{9} = \frac{21}{x}$

Solución: Usar la multiplicación cruzada: $\frac{7}{9} = \frac{21}{x} \Rightarrow 7 \times x = 9 \times 21 \Rightarrow 7x = 189$
Dividir para encontrar x: $x = \frac{189}{7} \Rightarrow x = 27$

Similitud y Razones

☆ Dos figuras son similares si tienen la misma forma.

☆ Dos o más figuras son similares si los ángulos correspondientes son iguales, y los lados correspondientes son proporcionales.

Ejemplos:

Ejemplo 1. Los siguientes triángulos son similares. ¿Cuál es el valor del lado desconocido?

Solución: Encuentra los lados correspondientes y escribe una proporción. $\frac{9}{18}=\frac{8}{x}$. Ahora, use el producto cruzado para resuelve para x:

$\frac{9}{18}=\frac{8}{x} \rightarrow 9 \times x = 18 \times 8 \rightarrow 9x = 144$. Divide ambos lados entre 9. Entonces: $9x = 144 \rightarrow x = \frac{144}{9} \rightarrow x = 16$

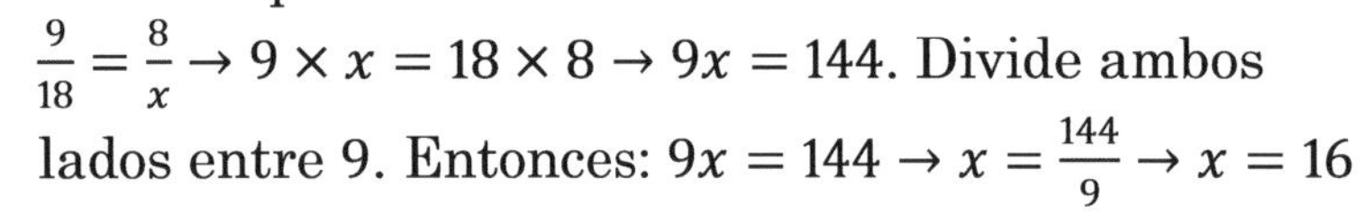

El lado que falta es 16.

Ejemplo 2. Dos rectángulos son similares. El primero mide 4 pies de ancho y 12 pies de largo. El segundo tiene 8 pies de ancho. ¿Cuál es la longitud del segundo rectángulo?

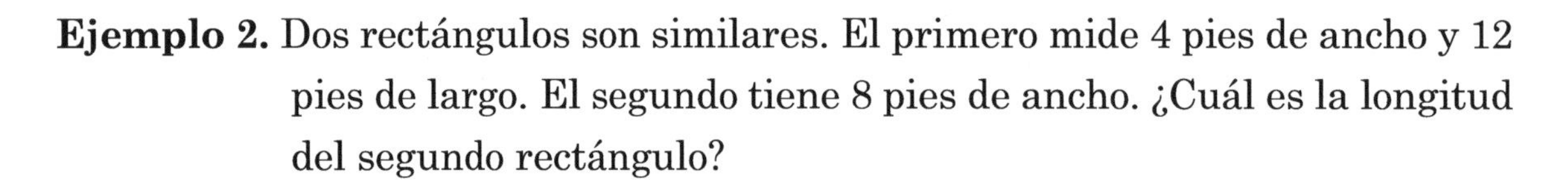

Solución: Pongamos x para la longitud del segundo rectángulo. Dado que dos rectángulos son similares, sus lados correspondientes están en proporción. Escribe una proporción y resuelve para el número que falta.

$\frac{4}{8}=\frac{12}{x} \rightarrow 4x = 8 \times 12 \rightarrow 4x = 96 \rightarrow x = \frac{96}{4} = 24$

La longitud del segundo rectángulo es de 24 pies.

Problemas de Porcentaje

☆ Porcentaje es una proporción de un número y 100. Siempre tiene el mismo denominador, 100. El símbolo de porcentaje es "%".

☆ Porcentaje significa "por 100". Entonces, 20% es $\frac{20}{100}$.

☆ En cada problema porcentual, buscamos la base o la parte o el porcentaje.

☆ Use estas ecuaciones para encontrar cada sección faltante en un problema porcentual:

- Base = Parte ÷ Porcentaje
- Parte = Porcentaje × Base
- Porcentaje = Parte ÷ Base

Ejemplos:

Ejemplo 1. Cuál es el 30% *de* 60?

Solución: En este problema, tenemos el porcentaje (30%) y la base (60) y estamos buscando la "parte". Usar esta fórmula : $Parte = Porcentaje \times Base$.
Entonces: $Parte = 30\% \times 60 = \frac{30}{100} \times 60 = 0.30 \times 60 = 18$. La respuesta: 30% de 60 es 18.

Ejemplo 2. 20 es qué porcentaje de 400?

Solución: En este problema, estamos buscando el porcentaje. Usa esta ecuación:
$Percent = Parte \div Base \rightarrow Porcentaje = 20 \div 400 = 0.05 = 5\%$.
Entonces: 20 es 5 porcentaje de 400.

Ejemplo 3. 70 es *el* 25 por ciento de qué número?

Solución: En este problema, estamos buscando la base. Usa esta ecuación:
$Base = Parte \div Porcentaje \rightarrow Base = 70 \div 25\% = 70 \div 0.25 = 280$
Entonces: 70 es el 25 por ciento de 280.

Porcentaje de Aumento y Disminución

☆ El porcentaje de cambio (aumento o disminución) es un concepto matemático que representa el grado de cambio a lo largo del tiempo.

☆ Para encontrar el porcentaje de aumento o disminución:

1. Número Nuevo - Número Original
2. (El resultado ÷ Número Original)$\times$ 100

☆ O use esta fórmula: Porcentaje de cambio $= \frac{Nuevo\ número - número\ original}{número\ original} \times 100$

☆ Nota: Si tu respuesta es un número negativo, entonces esto es un porcentaje de disminución. Si es positivo, entonces esto es un incremento porcentual.

Ejemplos:

Ejemplo 1. El precio de una camisa aumenta de \$ 40 a \$ 44. ¿Cuál es el porcentaje de aumento?

Solución: Primero, encuentra la diferencia: $44 - 40 = 4$

Entonces: $(4 \div 40) \times 100 = \frac{4}{40} \times 100 = 10$. El aumento porcentual es 10%. Significa que el precio de la camisa aumentó en 10%.

Ejemplo 2. El precio de una mesa disminuyó de \$50 a \$25. ¿Cuál es el porcentaje de disminución?

Solución: Usar esta fórmula:

$$Porcentaje\ de\ cambio = \frac{Nuevo\ número - número\ original}{número\ original} \times 100 =$$

$\frac{25-50}{50} \times 100 = \frac{-25}{50} \times 100 = -50$. La disminución porcentual es de 50. (el signo negativo significa disminución porcentual) Por lo tanto, el precio de la mesa disminuyó en 50%.

Descuento, Impuesto y Propina

☆ Para encontrar el descuento: Multiplique el precio regular por la tasa de descuento

☆ Para encontrar el precio de venta: Precio original – descuento

☆ Para encontrar impuestos: Multiplique la tasa impositiva por la base imponible (ingresos, valor de la propiedad, etc.)

☆ Para encontrar la propina, multiplique la tasa por el precio de venta.

Ejemplos:

Ejemplo 1. Con un descuento del 25%, Ella ahorró $ 50 en un vestido. ¿Cuál era el precio original del vestido?

Solución: Sea x el precio original del vestido. Entonces: $25\,\%$ of $x = 50$. Escribe una ecuación y resuelve para x: $0.25 \times x = 50 \rightarrow x = \frac{50}{0.25} = 200$. El precio original del vestido era $200.

Ejemplo 2. Sophia compró una computadora nueva por un precio de $ 820 en la Apple Store. ¿Cuál es el monto total que se carga en su tarjeta de crédito si el impuesto sobre las ventas es 10%?

Solución: El monto imponible es de $820 y la tasa impositiva es del 10%. Entonces:

$$Impuesto = 0.10 \times 820 = 82$$

$$Precio\ Final = Precio\ de\ Venta + Impuesto \rightarrow \text{Precio } Final = \$820 + \$82 = \$902$$

Ejemplo 3. Nicole y sus amigos salieron a comer a un restaurante. Si su factura era de $ 50 y le dieron a su servidor una propina del 12%, ¿cuánto pagaron en total?

Solución: Primero, encuentra la propina. Para encontrar la propina, multiplique la tasa por el monto de la factura. $Propina = 50 \times 0.12 = 6$. El monto total es: $\$50 + \$6 = \$56$

Interés Simple

☆ Interés Simple: El cargo por pedir dinero prestado o el rendimiento por prestarlo.

☆ Interés Simple se calcula sobre el importe inicial (principal).

☆ Para resolver un problema de interés simple, usar esta fórmula :

$$Interés = principal \times tasa \times tiempo \rightarrow (I = p \times r \times t = prt)$$

Ejemplos:

Ejemplo 1. Encuentra interés simple por una inversión de $250 al 6% por 5 años.

Solución: Usar la fórmula de interés:
$I = prt$ $(P = \$250, r = 6\% = \frac{6}{100} = 0.06$ y $t = 5)$
Entonces: $I = 250 \times 0.06 \times 5 = \$75$

Ejemplo 2. Encuentra interés simple para $1,300 al 3% por 2 años.

Solución: Usar la fórmula de interés:
$I = prt$ $(P = \$1{,}300,\ r = 3\% = \frac{3}{100} = 0.03$ y $t = 2)$
Entonces: $I = 1{,}300 \times 0.03 \times 2 = \$78.00$

Ejemplo 3. Andy recibió un préstamo estudiantil para pagar sus gastos educativos este año. ¿Cuál es el interés del préstamo si pidió prestado $5,100 al 5% durante 4 años?

Solución: Usar la fórmula de interés: $I = prt$. $P = \$5{,}100$, $r = 5\% = 0.05$ y $t = 4$
Entonces: $I = 5{,}100 \times 0.05 \times 4 = \$1{,}020$

Ejemplo 4. Bob está comenzando su propio pequeño negocio. Pidió prestados $ 28, 000 del banco a una tasa del 7% durante 6 meses. Encuentra el interés que Bob pagará por este préstamo.

Solución: Usar la fórmula de interés:
$I = prt$. $P = \$28{,}000$, $r = 7\% = 0.07$ y $t = 0.5$ (6 meses es medio año). Entonces:
$I = 28{,}000 \times 0.07 \times 0.5 = \$980$

Día 3: Práctica

Reducir cada proporción.

1) $3:15 =$ ___:___

2) $8:72 =$ ___:___

3) $15:25 =$ ___:___

4) $35:10 =$ ___:___

5) $36:42 =$ ___:___

6) $24:64 =$ ___:___

Resuelve.

7) En la clase de Jack, 48 de los estudiantes son altos y 20 son bajos. En la clase de Michael, 28 estudiantes son altos y 12 estudiantes son bajos. Qué clase tiene una mayor proporción de estudiantes altos a bajos? ________

8) Puedes comprar 7 latas de judías verdes en un supermercado por $7.49. ¿Cuánto cuesta comprar 21 latas de judías verdes? ________

Resuelve cada proporción.

9) $\frac{3}{4} = \frac{12}{x} \rightarrow x =$ ____

10) $\frac{2}{5} = \frac{x}{20} \rightarrow x =$ ____

11) $\frac{9}{x} = \frac{3}{5} \rightarrow x =$ ____

12) $\frac{x}{24} = \frac{5}{6} \rightarrow x =$ ____

13) $\frac{8}{4} = \frac{x}{16} \rightarrow x =$ ____

14) $\frac{3}{x} = \frac{12}{16} \rightarrow x =$ ____

15) $\frac{24}{32} = \frac{3}{x} \rightarrow x =$ ____

16) $\frac{x}{7} = \frac{21}{49} \rightarrow x =$ ____

Resuelve cada problema.

17) Dos rectángulos son similares. El primero tiene 6 pies de ancho y 36 pies de largo. El segundo tiene 10 pies de ancho. ¿Cuál es la longitud del segundo rectángulo? ________________

18) Dos rectángulos son similares. Uno mide 4,6 metros por 7 metros. El lado más largo del segundo rectángulo es de 28 metros. ¿Cuál es el otro lado del segundo rectángulo? ________________

Resuelve cada problema.

19) Cuál es el 15% de 60? ____

20) Cuál es el 20% de 500? ____

21) 25 es qué porcentaje de 250? __

22) 30 es qué porcentaje de 150? ___

23) 15 es *el* 10 por ciento de qué número? ___

24) 25 es el 5 por ciento de qué número? ___

Resuelve cada problema.

25) Bob obtuvo un aumento, y su salario por hora aumentó de $ 15 a $ 21. ¿Cuál es el porcentaje de aumento? ____ %

26) Una camisa de $ 45 que ahora se vende por $ 36 se descuenta por qué porcentaje ? ____ %

Encuentra el precio de venta de cada artículo.

27) Precio original de un ordenador : $500

Impuesto: 5%, Precio de Venta: $_____

28) Nicolas contrató a una empresa de mudanzas. La compañía cobró $ 500 por sus servicios, y Nicolas le da a las empresas de mudanzas una propina del 14%. ¿Cuánto da Nicolas de propina a las empresas de mudanzas? $____

29) Mason almuerza en un restaurante y el costo de su comida es de $ 60. Mason quiere dejar una propina del 10%. ¿Cuál es la factura total de Mason, incluida la propina? $_______

Determine el interés simple para los siguientes préstamos.

30) $800 al 3% por 2 años. $__

31) $260 al 10% por 5 años. $__

32) $380 al 4% por 3 años. $__

33) $1,200 al 2% por 1 año. $__

Día 3: Respuestas

1) $3:15 \rightarrow 3 \div 3 = 1,\ 15 \div 3 = 5 \rightarrow 3:15 = 1:5$

2) $8:72 \rightarrow 8 \div 8 = 1,\ 72 \div 8 = 9 \rightarrow 8:72 = 1:9$

3) $15:25 \rightarrow 15 \div 5 = 3,\ 25 \div 5 = 5 \rightarrow 15:25 = 3:5$

4) $35:10 \rightarrow 35 \div 5 = 7,\ 10 \div 5 = 2 \rightarrow 35:10 = 7:2$

5) $36:42 \rightarrow 36 \div 6 = 6,\ 42 \div 6 = 7 \rightarrow 36:42 = 6:7$

6) $24:64 \rightarrow 24 \div 8 = 3,\ 64 \div 8 = 8 \rightarrow 24:64 = 3:8$

7) En la clase de Jack, la proporción de estudiantes altos a estudiantes bajos es: $\frac{48}{20} = \frac{48\div 4}{20\div 4} = \frac{12}{5}$ y en la clase de Michael la proporción es: $\frac{28}{12} = \frac{28\div 4}{12\div 4} = \frac{7}{3}$. Compara dos fracciones: $\frac{12}{5} = \frac{12\times 3}{5\times 3} = \frac{36}{15}$ y $\frac{7}{3} = \frac{7\times 5}{3\times 5} = \frac{35}{15} \rightarrow \frac{36}{15} > \frac{35}{15}$. En la clase de Jack, la proporción de estudiantes altos a bajos es mayor.

8) Escribe una proporción y resuelve : $\frac{7}{7.49} = \frac{21}{x} \rightarrow x = 3 \times 7.49 = \$22.47$

9) $\frac{3}{4} = \frac{12}{x} \rightarrow 3 \times x = 4 \times 12 \rightarrow 3x = 48 \rightarrow x = \frac{48}{3} = 16$

10) $\frac{2}{5} = \frac{x}{20} \rightarrow 5 \times x = 2 \times 20 \rightarrow 5x = 40 \rightarrow x = \frac{40}{5} = 8$

11) $\frac{9}{x} = \frac{3}{5} \rightarrow 9 \times 5 = 3 \times x \rightarrow 45 = 3x \rightarrow x = \frac{45}{3} = 15$

12) $\frac{x}{24} = \frac{5}{6} \rightarrow 6 \times x = 5 \times 24 \rightarrow 6x = 120 \rightarrow x = \frac{120}{6} = 20$

13) $\frac{8}{4} = \frac{x}{16} \rightarrow 8 \times 16 = 4 \times x \rightarrow 128 = 4x \rightarrow x = \frac{128}{4} = 32$

14) $\frac{3}{x} = \frac{12}{16} \rightarrow 3 \times 16 = 12 \times x \rightarrow 48 = 12x \rightarrow x = \frac{48}{12} = 4$

15) $\frac{24}{32} = \frac{3}{x} \rightarrow 24 \times x = 3 \times 32 \rightarrow 24x = 96 \rightarrow x = \frac{96}{24} = 4$

16) $\frac{x}{7} = \frac{21}{49} \rightarrow 49 \times x = 7 \times 21 \rightarrow 49x = 147 \rightarrow x = \frac{147}{49} = 3$

17) $\frac{6}{10} = \frac{36}{x} \rightarrow 6 \times x = 36 \times 10 \rightarrow 6x = 360 \rightarrow x = \frac{360}{6} = 60 \rightarrow x = 60\ pies$

18) $\frac{4.6}{7} = \frac{x}{28} \rightarrow 7 \times x = 28 \times 4.6 \rightarrow 7x = 128.8 \rightarrow x = \frac{128.8\div 7}{7\div 7} = 18.4 \rightarrow x = 18.4\ metros$

19) Parte = Porcentaje × Base → $15\% \times 60 = \frac{15}{100} \times 60 = 0.15 \times 60 = 9$

20) Parte = Porcentaje × Base → $20\% \times 500 = \frac{20}{100} \times 500 = 0.2 \times 500 = 100$

21) Porcentaje = Parte ÷ Base→ $25 \div 250 = \frac{25}{250} = \frac{25 \div 25}{250 \div 25} = \frac{1}{10} = \frac{1}{10} \times 100 = 10\%$

22) Porcentaje = Parte ÷ Base → $30 \div 150 = \frac{30}{150} = \frac{30 \div 30}{150 \div 30} = \frac{1}{5} = \frac{1}{5} \times 100 = 20\%$

23) Base = Parte ÷ Porcentaje → $15 \div 10\% = 15 \div \frac{10}{100} = 15 \div 0.1 = 150$

24) Base = Parte ÷ Porcentaje → $25 \div 5\% = 25 \div \frac{5}{100} = 25 \div 0.05 = 500$

25) Porcentaje de cambio $= \frac{\textit{Nuevo número}-\textit{número original}}{\textit{número original}} \times 100 = \frac{21-15}{15} \times 100 = \frac{6}{15} \times 100 = 40\%$

26) $\frac{36-45}{45} \times 100 = \frac{-9}{45} \times 100 = -20\%$ (El signo negativo significa que el precio disminuyó)

27) $5\% \times 500 = \frac{5}{100} \times 500 = 25 \rightarrow \$500 + \$25 = \$525$

28) $14\% \times \$500 = \frac{14}{100} \times \$500 = \$500 \times 0.14 = \$70$

29) $10\% \times \$60 = \frac{10}{100} \times \$60 = \$6 \rightarrow \$60 + \$6 = \$66$

30) $800 \times 3\% \times 2 = 800 \times \frac{3}{100} \times 2 = \frac{4{,}800}{100} = 48$

31) $260 \times 10\% \times 5 = 260 \times \frac{10}{100} \times 5 = 260 \times \frac{1}{10} \times 5 = 130$

32) $380 \times 4\% \times 3 = 380 \times \frac{4}{100} \times 3 = 45.6$

33) $1{,}200 \times 2\% \times 1 = 1{,}200 \times \frac{2}{100} \times 1 = 24$

Exponentes y Variables

Temas matemáticos que aprenderrás en este capítulo:

1. Propiedad de Multiplicación de Exponentes
2. Propiedad de División de Exponentes
3. Poderes de los Productos y Cocientes
4. Exponentes Cero y Negativos
5. Exponentes Negativos y Bases Negativas
6. Notación Científica
7. Radicales

Propiedad de Multiplicación de Exponentes

☆ Los exponentes son la abreviatura de la multiplicación repetida del mismo número por sí misma. Por ejemplo, en lugar de 2×2, Podemos escribir 2^2. Para $3 \times 3 \times 3 \times 3$, podemos escribir 3^4.

☆ En álgebra, una variable es una letra usada para representar un número. Las letras más comunes son : x, y, z, a, b, c, m y n.

☆ Reglas del exponente: $x^a \times x^b = x^{a+b}$, $\frac{x^a}{x^b} = x^{a-b}$

$(x^a)^b = x^{a \times b}$ $\qquad$ $(xy)^a = x^a \times y^a$ $\qquad$ $\left(\frac{a}{b}\right)^c = \frac{a^c}{b^c}$

Ejemplos:

Ejemplo 1. Multiplica. $3x^2 \times 4x^3$

Solución: Use reglas del exponente: $x^a \times x^b = x^{a+b} \rightarrow x^2 \times x^3 = x^{2+3} = x^5$
Entonces: $3x^2 \times 4x^3 = 12x^5$

Ejemplo 2. Simplifica. $(x^2y^4)^3$

Solución: Use reglas del exponente: $(x^a)^b = x^{a \times b}$.
Entonces: $(x^2y^4)^3 = x^{2\times3}y^{4\times3} = x^6y^{12}$

Ejemplo 3. Multiplica. $6x^7 \times 4x^3$

Solución: Use reglas del exponente: $x^a \times x^b = x^{a+b} \rightarrow x^7 \times x^3 = x^{7+3} = x^{10}$
Entonces: $6x^7 \times 4x^3 = 24x^{10}$

Ejemplo 4. Simplifica. $(x^2y^5)^4$

Solución: Use reglas del exponente: $(x^a)^b = x^{a \times b}$.
Entonces: $(x^2y^5)^4 = x^{2\times4}y^{5\times4} = x^8y^{20}$

Propiedad de División de Exponentes

Para la división de exponentes use las siguientes fórmulas:

- ☆ $\frac{x^a}{x^b} = x^{a-b}\ (x \neq 0)$
- ☆ $\frac{x^a}{x^b} = \frac{1}{x^{b-a}},\ (x \neq 0)$
- ☆ $\frac{1}{x^b} = x^{-b}$

Ejemplos:

Ejemplo 1. Simplifica. $\frac{12x^2y}{3xy^3} =$

Solución: Primero, cancelar el factor común: $3 \rightarrow \frac{12x^2y}{3xy^3} = \frac{4x^2y}{xy^3}$

Use reglas del exponente: $\frac{x^a}{x^b} = x^{a-b} \rightarrow \frac{x^2}{x} = x^{2-1} = x^1$ y $\frac{x^a}{x^b} = \frac{1}{x^{b-a}} \rightarrow \frac{y}{y^3} = \frac{1}{y^{3-1}} = \frac{1}{y^2}$

Entonces: $\frac{12x^2y}{3xy^3} = \frac{4x}{y^2}$

Ejemplo 2. Simplifica. $\frac{48x^{12}}{16x^9} =$

Solución: Use reglas del exponente: $\frac{x^a}{x^b} = x^{a-b} \rightarrow \frac{x^{12}}{x^9} = x^{12-9} = x^3$

Entonces: $\frac{48x^{12}}{16x^9} = 3x^3$

Ejemplo 3. Simplifica. $\frac{6x^5y^7}{42x^8y^2} =$

Solución: Primero, cancelar el factor común: $6 \rightarrow \frac{x^5y^7}{7x^8y^2}$

Use reglas del exponente: $\frac{x^a}{x^b} = x^{a-b} \rightarrow \frac{x^5}{x^8} = x^{5-8} = x^{-3} = \frac{1}{x^3}$ y $\frac{y^7}{y^2} = y^{7-2} = y^5$

Entonces: $\frac{6x^5y^7}{42x^8y^2} = \frac{y^5}{7x^3}$

Poderes de los Productos y Cocientes

☆ Para cualquier número distinto de cero a y b y cualquier entero x, $(ab)^x = a^x \times b^x$

y $\left(\frac{a}{b}\right)^c = \frac{a^c}{b^c}$

Ejemplos:

Ejemplo 1. Simplifica. $(6x^4y^5)^2$

Solución: Use reglas del exponente: $(x^a)^b = x^{a\times b}$

$(6x^4y^5)^2 = (6)^2(x^4)^2(y^5)^2 = 36x^{4\times 2}y^{5\times 2} = 36x^8y^{10}$

Ejemplo 2. Simplifica. $\left(\frac{5x^5}{2x^4}\right)^2$

Solución: Primero, cancelar el factor común: $x^4 \rightarrow \left(\frac{5x^5}{2x^4}\right) = \left(\frac{5x}{2}\right)^2$

Use reglas del exponente: $\left(\frac{a}{b}\right)^c = \frac{a^c}{b^c}$. Entonces: $\left(\frac{5x}{2}\right)^2 = \frac{(5x)^2}{(2)^2} = \frac{25x^2}{4}$

Ejemplo 3. Simplifica. $(-6x^7y^3)^2$

Solución: Use reglas del exponente: $(x^a)^b = x^{a\times b}$

$(-6x^7y^3)^2 = (-6)^2(x^7)^2(y^3)^2 = 36x^{7\times 2}y^{3\times 2} = 36x^{14}y^6$

Ejemplo 4. Simplifica. $\left(\frac{8x^3}{5x^7}\right)^2$

Solución: Primero, cancelar el factor común: $x^3 \rightarrow \left(\frac{8x^3}{5x^7}\right)^2 = \left(\frac{8}{5x^4}\right)^2$

Use reglas del exponente: $\left(\frac{a}{b}\right)^c = \frac{a^c}{b^c}$, Entonces: $\left(\frac{8}{5x^4}\right)^2 = \frac{8^2}{(5x^4)^2} = \frac{64}{25x^8}$

Exponentes Cero y Negativos

☆ Regla del Exponente Cero: $a^0 = 1$, esto significa que cualquier cosa elevada a la potencia cero es 1. Por ejemplo: $(5xy)^0 = 1$ (El número cero es una excepción: $0^0 = 0$)

☆ Un exponente negativo simplemente significa que la base está en el lado equivocado de la línea de fracción, por lo que debe voltear la base hacia el otro lado. Por ejemplo, "x^{-2}" (pronunciado como "equis a la menos dos") solo significa "x^2" pero debajo, es como $\frac{1}{x^2}$.

Ejemplos:

Ejemplo 1. Evalúa. $\left(\frac{3}{7}\right)^{-2} =$

Solución: Usa la regla del exponente negativo: $\left(\frac{x^a}{x^b}\right)^{-2} = \left(\frac{x^b}{x^a}\right)^2 \rightarrow \left(\frac{3}{7}\right)^{-2} = \left(\frac{7}{3}\right)^2$

Entonces: $\left(\frac{7}{3}\right)^2 = \frac{7^2}{3^2} = \frac{49}{9}$

Ejemplo 2. Evalúa. $\left(\frac{2}{5}\right)^{-3} =$

Solución: Usa la regla del exponente negativo: $\left(\frac{x^a}{x^b}\right)^{-3} = \left(\frac{x^b}{x^a}\right)^3 \rightarrow \left(\frac{2}{5}\right)^{-3} = \left(\frac{5}{2}\right)^3 =$

Entonces: $\left(\frac{5}{2}\right)^3 = \frac{5^3}{2^3} = \frac{125}{8}$

Ejemplo 3. Evalúa. $\left(\frac{a}{b}\right)^0 =$

Solución: Usa la regla de exponente cero : $\boldsymbol{a}^0 = 1$

Entonces: $\left(\frac{a}{b}\right)^0 = 1$

Ejemplo 4. Evalúa. $\left(\frac{9}{5}\right)^{-1} =$

Solución: Usa la regla del exponente negativo: $\left(\frac{x^a}{x^b}\right)^{-1} = \left(\frac{x^b}{x^a}\right)^1 \rightarrow \left(\frac{9}{5}\right)^{-1} = \left(\frac{5}{9}\right)^1 = \frac{5}{9}$

Exponentes Negativos y Bases Negativas

- Un exponente negativo es el recíproco de ese número con un exponente positivo . $(3)^{-2} = \frac{1}{3^2}$
- Para simplificar un exponente negativo, haz que el poder sea positivo!
- El paréntesis es importante ! -5^{-2} no es lo mismo que $(-5)^{-2}$

$$-5^{-2} = -\frac{1}{5^2} \text{ y } (-5)^{-2} = +\frac{1}{5^2}$$

Ejemplos:

Ejemplo 1. Simplifica. $\left(\frac{4a}{7c}\right)^{-2} =$

Solución: Usa la regla del exponente negativo: $\left(\frac{x^a}{x^b}\right)^{-2} = \left(\frac{x^b}{x^a}\right)^2 \rightarrow \left(\frac{4a}{7c}\right)^{-2} = \left(\frac{7c}{4a}\right)^2$

Ahora usa la regla del exponente: $\left(\frac{a}{b}\right)^c = \frac{a^c}{b^c} \rightarrow \left(\frac{7c}{4a}\right)^2 = \frac{7^2c^2}{4^2a^2}$

Entonces: $\frac{7^2c^2}{4^2a^2} = \frac{49c^2}{16a^2}$

Ejemplo 2. Simplifica. $\left(\frac{3x}{y}\right)^{-3} =$

Solución: Usa la regla del exponente negativo: $\left(\frac{x^a}{x^b}\right)^{-3} = \left(\frac{x^b}{x^a}\right)^3 \rightarrow \left(\frac{3x}{y}\right)^{-3} = \left(\frac{y}{3x}\right)^3$

Ahora usa la regla del exponente: $\left(\frac{a}{b}\right)^c = \frac{a^c}{b^c} \rightarrow \left(\frac{y}{3x}\right)^3 = \frac{y^3}{3^3x^3} = \frac{y^3}{27x^3}$

Ejemplo 3. Simplifica. $\left(\frac{7a}{4c}\right)^{-2} =$

Solución: Usa la regla del exponente negativo: $\left(\frac{x^a}{x^b}\right)^{-2} = \left(\frac{x^b}{x^a}\right)^2 \rightarrow \left(\frac{7a}{4c}\right)^{-2} = \left(\frac{4c}{7a}\right)^2$

Ahora usa la regla del exponente: $\left(\frac{a}{b}\right)^c = \frac{a^c}{b^c} \rightarrow \left(\frac{4c}{7a}\right)^2 = \frac{4^2c^2}{7^2a^2}$

Entonces: $\frac{4^2c^2}{7^2a^2} = \frac{16c^2}{49a^2}$

Notación Científica

- La notación científica se utiliza para escribir números muy grandes o muy pequeños en forma decimal.
- En notación científica, todos los números se escriben en forma de : $m \times 10^n$, donde m es mayor que 1 y menor que 10.
- Para convertir un número de notación científica a forma estándar, mueva el punto decimal hacia la izquierda (si el exponente de diez es un número negativo) o hacia la derecha (si el exponente es positivo).

Ejemplos:

Ejemplo 1. Escribe **0.000037** ***en notación científica.***

Solución: Primero, mueva el punto decimal hacia la derecha para que tenga un número entre 1 y 10. Ese número es 3.7. Ahora, determine cuántos lugares movió el decimal en el paso 1 por la potencia de 10. Movimos el punto decimal 5 dígitos a la derecha. Entonces: 10^{-5}. Cuando el decimal se mueve hacia la derecha, el exponente es negativo. Entonces: $0.000037 = 3.7 \times 10^{-5}$

Ejemplo 2. Escribe 5.3×10^{-3} ***en notación estándar.***

Solución: El exponente es negativo 3. Entonces, mueva el punto decimal a los tres dígitos de la izquierda. (recuerde $5.3 = 0000005.3$) Cuando el decimal se mueve hacia la derecha, el exponente es negativo. Entonces: $5.3 \times 10^{-3} = 0.0053$

Ejemplo 3. Escribe 0.00042 **en notación científica**.

Solución: Primero, mueva el punto decimal hacia la derecha para que tenga un número entre 1 y 10. Entonces : $m = 4.2$. Ahora, determine cuántos lugares movió el decimal en el paso 1 por la potencia de 10. 10^{-4}. Entonces: $0.00042 = 4.2 \times 10^{-4}$

Ejemplo 4. Escribe 7.3×10^7 ***en notación estándar.***

Solución: El exponente es positivo 7. Entonces, mueva el punto decimal a los siete dígitos de la derecha. (recuerde $7.3 = 7.3000000$) Entonces: $7.3 \times 10^7 = 73{,}000{,}000$

Radicales

☆ Si n es un entero positivo y x es un número real, entonces: $\sqrt[n]{x} = x^{\frac{1}{n}}$,

$$\sqrt[n]{xy} = x^{\frac{1}{n}} \times y^{\frac{1}{n}},\ \sqrt[n]{\frac{x}{y}} = \frac{x^{\frac{1}{n}}}{y^{\frac{1}{n}}},\ \text{y}\ \sqrt[n]{x} \times \sqrt[n]{y} = \sqrt[n]{xy}$$

☆ Una raíz cuadrada de x es un número r cuyo cuadrado es: $r^2 = x$ (r es una raíz cuadrada de x)

☆ Para sumar y restar radicales, necesitamos tener los mismos valores bajo el radical. Por ejemplo: $\sqrt{5} + 3\sqrt{5} = 4\sqrt{5}$, $5\sqrt{6} - 2\sqrt{6} = 3\sqrt{5}$

Ejemplos:

Ejemplo 1. Encuentra la raíz cuadrada de $\sqrt{256}$.

Solución: Primero, factoriza el número: $256 = 16^2$. Entonces: $\sqrt{256} = \sqrt{16^2}$
Ahora usa una regla radical: $\sqrt[n]{a^n} = a$. Entonces: $\sqrt{256} = \sqrt{16^2} = 16$

Ejemplo 2. Evalúa. $\sqrt{\mathbf{9}} \times \sqrt{\mathbf{36}} =$

Solución: Encuentra los valores de $\sqrt{9}$ y $\sqrt{36}$. Entonces: $\sqrt{9} \times \sqrt{36} = 3 \times 6 = 18$

Ejemplo 3. Resuelve. $\mathbf{3\sqrt{7} + 11\sqrt{7}}$.

Solución: Como tenemos los mismos valores bajo el radical, podemos sumar estos dos radicales: $3\sqrt{7} + 11\sqrt{7} = 14\sqrt{7}$

Ejemplo 4. Evalúa. $\sqrt{\mathbf{40}} \times \sqrt{\mathbf{10}} =$

Solución: Usa esta regla radical : $\sqrt[n]{x} \times \sqrt[n]{y} = \sqrt[n]{xy} \rightarrow \sqrt{\mathbf{40}} \times \sqrt{\mathbf{10}} = \sqrt{\mathbf{400}}$
La raíz cuadrada de 400 es 20. Entonces: $\sqrt{\mathbf{40}} \times \sqrt{\mathbf{10}} = \sqrt{\mathbf{400}} = \mathbf{20}$

Día 4: Práctica

Encuentra los productos.

1) $5x^3 \times 2x =$

2) $x^4 \times 5x^2y =$

3) $2xy \times 3x^5y^2 =$

4) $4xy^2 \times 2x^2y =$

5) $-3x^3y^3 \times 2x^2y^2 =$

6) $-5xy^2 \times 3x^5y^2 =$

7) $-5x^2y^6 \times 6x^5y^2 =$

8) $-2x^3y^3 \times 2x^3y^3 =$

9) $-7xy^3 \times 4x^5y^2 =$

10) $-x^4y^3 \times (-5x^6y^2) =$

11) $-6y^6 \times 7x^6y^2 =$

12) $-8x^4 \times 2y^2 =$

Simplifica.

13) $\frac{3^2 \times 3^3}{3^3 \times 3} =$

14) $\frac{4^2 \times 4^4}{5^4 \times 5} =$

15) $\frac{14x^5}{7x^2} =$

16) $\frac{15x^3}{5x^6} =$

17) $\frac{64y^3}{8xy^7} =$

18) $\frac{10x^4y^5}{30x^5y^4} =$

19) $\frac{11y}{44x^3y^3} =$

20) $\frac{40xy^3}{120xy^3} =$

21) $\frac{45x^3}{25xy^3} =$

22) $\frac{72y^6x}{36x^8y^9} =$

Resuelve.

23) $(x^2\,y^2)^3 =$

24) $(2x^3\,y^2)^3 =$

25) $(2x \times 3xy^2)^2 =$

26) $(4x \times 2y^4)^2 =$

27) $\left(\frac{3x}{x^2}\right)^2 =$

28) $\left(\frac{6y}{18y^3}\right)^2 =$

29) $\left(\frac{3x^2y^2}{12x^4y^3}\right)^3 =$

30) $\left(\frac{23x^5y^3}{46x^3y^5}\right)^3 =$

31) $\left(\frac{16x^7y^3}{48x^5y^2}\right)^2 =$

32) $\left(\frac{12x^5y^6}{60x^7y^2}\right)^2 =$

Evalúa cada expresión. (Exponentes Cero y Negativos)

33) $\left(\frac{1}{3}\right)^{-2} =$

34) $\left(\frac{1}{4}\right)^{-3} =$

35) $\left(\frac{1}{6}\right)^{-2} =$

36) $\left(\frac{2}{3}\right)^{-3} =$

37) $\left(\frac{2}{5}\right)^{-3} =$

38) $\left(\frac{3}{5}\right)^{-2} =$

Escribe cada expresión con exponentes positivos.

39) $2y^{-3} =$

40) $13y^{-5} =$

41) $-20x^{-2} =$

42) $15a^{-2}b^{3} =$

43) $23a^{2}b^{-4}c^{-8} =$

44) $-4x^{4}y^{-2} =$

45) $\frac{16y}{x^{3}y^{-4}} =$

46) $\frac{30a^{-3}b}{-100c^{-2}} =$

Escribe cada número en notación científica.

47) $0.00518 =$

48) $0.000042 =$

49) $78{,}000 =$

50) $92{,}000{,}000 =$

Evalúa.

51) $\sqrt{5} \times \sqrt{5} =$

52) $\sqrt{25} - \sqrt{4} =$

53) $\sqrt{81} + \sqrt{36} =$

54) $\sqrt{4} \times \sqrt{25} =$

55) $\sqrt{2} \times \sqrt{18} =$

56) $4\sqrt{2} + 3\sqrt{2} =$

57) $5\sqrt{7} + 2\sqrt{7} =$

58) $\sqrt{45} + 2\sqrt{5} =$

Día 4: Respuestas

1) $5x^3 \times 2x \rightarrow x^3 \times x^1 = x^{3+1} = x^4 \rightarrow 5x^3 \times 2x = 10x^4$

2) $x^4 \times 5x^2y \rightarrow x^4 \times x^2 = x^{4+2} = x^6 \rightarrow x^4 \times 5x^2y = 5x^6y$

3) $2xy \times 3x^5y^2 \rightarrow x \times x^5 = x^{1+5} = x^6,\ y \times y^2 = y^{1+2} = y^3 \rightarrow 2xy \times 3x^5y^2 = 6x^6y^3$

4) $4xy^2 \times 2x^2y \rightarrow x \times x^2 = x^{1+2} = x^3,\ y^2 \times y = y^{2+1} = y^3 \rightarrow 4xy^2 \times 2x^2y = 8x^3y^3$

5) $-3x^3y^3 \times 2x^2y^2 \rightarrow x^3 \times x^2 = x^{3+2} = x^5,\ y^3 \times y^2 = y^{3+2} = y^5 \rightarrow$

$-3x^3y^3 \times 2x^2y^2 = -6x^5y^5$

6) $-5xy^2 \times 3x^5y^2 \rightarrow x \times x^5 = x^{1+5} = x^6,\ y^2 \times y^2 = y^{2+2} = y^4 \rightarrow$

$-5xy^2 \times 3x^5y^2 = -15x^6y^4$

7) $-5x^2y^6 \times 6x^5y^2 \rightarrow x^2 \times x^5 = x^{2+5} = x^7,\ y^6 \times y^2 = y^{6+2} = y^8 \rightarrow$

$-5x^2y^6 \times 6x^5y^2 = -30x^7y^8$

8) $-2x^3y^3 \times 2x^3y^3 \rightarrow x^3 \times x^3 = x^{3+3} = x^6,\ y^3 \times y^3 = y^{3+3} = y^6 \rightarrow$

$-2x^3y^3 \times 2x^3y^3 = -4x^6y^6$

9) $-7xy^3 \times 4x^5y^2 \rightarrow x \times x^5 = x^{1+5} = x^6,\ y^3 \times y^2 = y^{3+2} = y^5 \rightarrow$

$-7xy^3 \times 4x^5y^2 = -28x^6y^5$

10) $-x^4y^3 \times (-5x^6y^2) \rightarrow x^4 \times x^6 = x^{4+6} = x^{10},\ y^3 \times y^2 = y^{3+2} = y^5 \rightarrow$

$-x^4y^3 \times (-5x^6y^2) = 5x^{10}y^5$

11) $-6y^6 \times 7x^6y^2 \rightarrow y^6 \times y^2 = y^{6+2} = y^8 \rightarrow -6y^6 \times 7x^6y^2 = -42x^6y^8$

12) $-8x^4 \times 2y^2 = -16x^4y^2$

13) $\frac{3^2 \times 3^3}{3^3 \times 3} = \frac{3^{2+3}}{3^{3+1}} = \frac{3^5}{3^4} = 3^{5-4} = 3^1 = 3$

14) $\frac{4^2 \times 4^4}{5^4 \times 5} = \frac{4^{2+4}}{5^{4+1}} = \frac{4^6}{5^5}$

15) $\frac{14x^5}{7x^2} \rightarrow \frac{14 \div 7}{7 \div 7} = 2,\ \frac{x^5}{x^2} = x^{5-2} = x^3 \rightarrow \frac{14x^5}{7x^2} = 2x^3$

16) $\frac{15x^3}{5x^6} \rightarrow \frac{15 \div 5}{5 \div 5} = 3,\ \frac{x^3}{x^6} = x^{3-6} = x^{-3} = \frac{1}{x^3} \rightarrow \frac{15x^3}{5x^6} = \frac{3}{x^3}$

17) $\frac{64y^3}{8xy^7} \rightarrow \frac{64 \div 8}{8 \div 8} = 8,\ \frac{y^3}{y^7} = y^{3-7} = y^{-4} = \frac{1}{y^4} \rightarrow \frac{64y^3}{8xy^7} = \frac{8}{xy^4}$

18) $\frac{10x^4y^5}{30x^5y^4} \rightarrow \frac{10\div 10}{30\div 10} = \frac{1}{3},\ \frac{x^4}{x^5} = x^{4-5} = x^{-1} = \frac{1}{x},\ \frac{y^5}{y^4} = y^{5-4} = y^1 \rightarrow \frac{10x^4y^5}{30x^5y^4} = \frac{y}{3x}$

19) $\frac{11y}{44x^3y^3} \rightarrow \frac{11\div 11}{44\div 11} = \frac{1}{4},\ \frac{y}{y^3} = y^{1-3} = y^{-2} = \frac{1}{y^2} \rightarrow \frac{11y}{44x^3y^3} = \frac{1}{4x^3y^2}$

20) $\frac{40xy^3}{120xy^3} \rightarrow \frac{40\div 40}{120\div 40} = \frac{1}{3},\ \frac{x}{x} = x^{1-1} = x^0 = 1,\ \frac{y^3}{y^3} = y^{3-3} = y^0 = 1 \rightarrow \frac{40xy^3}{120xy^3} = \frac{1}{3}$

21) $\frac{45x^3}{25xy^3} \rightarrow \frac{45\div 5}{25\div 5} = \frac{9}{5},\ \frac{x^3}{x} = x^{3-1} = x^2 \rightarrow \frac{45x^3}{25xy^3} = \frac{9x^2}{5y^3}$

22) $\frac{72y^6x}{36x^8y^9} \rightarrow \frac{72\div 36}{36\div 36} = \frac{2}{1} = 2,\ \frac{y^6}{y^9} = y^{6-9} = y^{-3} = \frac{1}{y^3},\ \frac{x}{x^8} = x^{1-8} = x^{-7} = \frac{1}{x^7} \rightarrow \frac{72y^6x}{36x^8y^9} = \frac{2}{x^7y^3}$

23) $(x^2\,y^2)^3 = x^{2\times 3}\,y^{2\times 3} = x^6\,y^6$

24) $(2x^3\,y^2)^3 = 2^3x^{3\times 3}\,y^{2\times 3} = 8x^9y^6$

25) $(2x \times 3xy^2)^2 = (2\times 3)^2x^{(1+1)\times 2}\,y^{2\times 2} = 6^2x^{2\times 2}\,y^4 = 36x^4\,y^4$

26) $(4x \times 2y^4)^2 = (4\times 2)^2x^{1\times 2}\,y^{4\times 2} = 8^2x^2\,y^8 = 64x^2\,y^8$

27) $\left(\frac{3x}{x^2}\right)^2 = \frac{3^{1\times 2}x^{1\times 2}}{x^{2\times 2}} = \frac{3^2x^2}{x^4} \rightarrow 3^2 = 9,\ \frac{x^2}{x^4} = x^{2-4} = x^{-2} = \frac{1}{x^2} \rightarrow \left(\frac{3x}{x^2}\right)^2 = \frac{9}{x^2}$

28) $\left(\frac{6y}{18y^3}\right)^2 = \frac{6^{1\times 2}y^{1\times 2}}{(18)^{1\times 2}y^{3\times 2}} = \frac{6^2y^2}{18^2y^6} \rightarrow \frac{36}{324} = \frac{1}{9},\ \frac{y^2}{y^6} = y^{2-6} = y^{-4} = \frac{1}{y^4} \rightarrow \left(\frac{6y}{18y^3}\right)^2 = \frac{1}{9y^4}$

29) $\left(\frac{3x^2y^2}{12x^4y^3}\right)^3 = \frac{3^{1\times 3}x^{2\times 3}y^{2\times 3}}{(12)^{1\times 3}x^{4\times 3}y^{3\times 3}} = \frac{3^3x^6y^6}{12^3x^{12}y^9} \rightarrow \frac{3^3}{12^3} = \frac{27}{1{,}728} = \frac{1}{64},\frac{x^6}{x^{12}} = x^{6-12} = x^{-6} = \frac{1}{x^6},\ \frac{y^6}{y^9} =$

$y^{6-9} = y^{-3} = \frac{1}{y^3} \rightarrow \left(\frac{3x^2y^2}{12x^4y^3}\right)^3 = \frac{1}{64x^6y^3}$

30) $\left(\frac{23x^5y^3}{46x^3y^5}\right)^3 = \frac{23^{1\times 3}x^{5\times 3}y^{3\times 3}}{(23\times 2)^{1\times 3}x^{3\times 3}y^{5\times 3}} = \frac{23^3x^{15}y^9}{23^3\times 2^3x^9y^{15}} = \frac{x^{15}y^9}{8x^9y^{15}} \rightarrow \frac{x^{15}}{x^9} = x^{15-9} = x^6,\ \frac{y^9}{y^{15}} = y^{9-15} =$

$y^{-6} = \frac{1}{y^6} \rightarrow \left(\frac{23x^5y^3}{46x^3y^5}\right)^3 = \frac{x^6}{8y^6}$

31) $\left(\frac{16x^7y^3}{48x^5y^2}\right)^2 = \frac{16^{1\times 2}x^{7\times 2}y^{3\times 2}}{(16\times 3)^{1\times 2}x^{5\times 2}y^{2\times 2}} = \frac{16^2x^{14}y^6}{16^2\times 3^2x^{10}y^4} = \frac{x^{14}y^6}{9x^{10}y^4} \rightarrow \frac{x^{14}}{x^{10}} = x^{14-10} = x^4,\ \frac{y^6}{y^4} = y^{6-4} =$

$y^2 \rightarrow \left(\frac{16x^7y^3}{48x^5y^2}\right)^2 = \frac{x^4y^2}{9}$

32) $\left(\frac{12x^5y^6}{60x^7y^2}\right)^2 = \frac{12^{1\times 2}x^{5\times 2}y^{6\times 2}}{(12\times 5)^{1\times 2}x^{7\times 2}y^{2\times 2}} = \frac{12^2x^{10}y^{12}}{12^2\times 5^2x^{14}y^4} = \frac{x^{10}y^{12}}{25x^{14}y^4} \rightarrow \frac{x^{10}}{x^{14}} = x^{10-14} = x^{-4} = \frac{1}{x^4},\ \frac{y^{12}}{y^4} =$

$y^{12-4} = y^8 \rightarrow \left(\frac{12x^5y^6}{60x^7y^2}\right)^2 = \frac{y^8}{25x^4}$

33) $\left(\frac{1}{3}\right)^{-2} = 3^2 = 9$

34) $\left(\frac{1}{4}\right)^{-3} = 4^3 = 64$

35) $\left(\frac{1}{6}\right)^{-2} = 6^2 = 36$

36) $\left(\frac{2}{3}\right)^{-3} = \left(\frac{3}{2}\right)^{3} = \frac{3^3}{2^3} = \frac{27}{8}$

37) $\left(\frac{2}{5}\right)^{-3} = \left(\frac{5}{2}\right)^{3} = \frac{5^3}{2^3} = \frac{125}{8}$

38) $\left(\frac{3}{5}\right)^{-2} = \left(\frac{5}{3}\right)^{2} = \frac{5^2}{3^2} = \frac{25}{9}$

39) $2y^{-3} = \frac{2}{y^3}$

40) $13y^{-5} = \frac{13}{y^5}$

41) $-20x^{-2} = -\frac{20}{x^2}$

42) $15a^{-2}b^3 = \frac{15b^3}{a^2}$

43) $23a^2b^{-4}c^{-8} = \frac{23a^2}{b^4c^8}$

44) $-4x^4y^{-2}2^{-7} = -\frac{4x^4}{y^2}$

45) $\frac{16y}{x^3y^{-4}} \rightarrow \frac{y}{y^{-4}} = y^{1-(-4)} = y^5 \rightarrow \frac{16y}{x^3y^{-4}} = \frac{16y^5}{x^3}$

46) $\frac{30a^{-3}b}{-100c^{-2}} \rightarrow -\frac{30\div 10}{100\div 10} = -\frac{3}{10} \rightarrow \frac{30a^{-3}b}{-100c^{-2}} = -\frac{3c^2b}{10a^3}$

47) $0.00518 = 5.18 \times 10^{-3}$

48) $0.000042 = 4.2 \times 10^{-5}$

49) $78{,}000 = 7.8 \times 10^4$

50) $92{,}000{,}000 = 9.2 \times 10^7$

51) $\sqrt{5} \times \sqrt{5} = \sqrt{25} = 5$

52) $\sqrt{25} - \sqrt{4} = 5 - 2 = 3$

53) $\sqrt{81} + \sqrt{36} = 9 + 6 = 15$

54) $\sqrt{4} \times \sqrt{25} = 2 + 5 = 10$

55) $\sqrt{2} \times \sqrt{18} = \sqrt{36} = 6$

56) $4\sqrt{2} + 3\sqrt{2} = 7\sqrt{2}$

57) $5\sqrt{7} + 2\sqrt{7} = 7\sqrt{7}$

58) $\sqrt{45} + 2\sqrt{5} = \sqrt{5 \times 9} + 2\sqrt{5} = 3\sqrt{5} + 2\sqrt{5} = 5\sqrt{5}$

DÍA 5

Expresiones y Variables

Temas matemáticos que aprenderás en este capítulo:

1. Simplificación de Expresiones Variables
2. Simplificación de Expresiones Polinómicas
3. La Propiedad Distributiva
4. Evaluando Una Variable
5. Evaluando Dos Variables

Simplificación de Expresiones Variables

☆ En álgebra, una variable es una letra usada para representar un número. Las letras más comunes son x, y, z, a, b, c, m y n.

☆ Una expresión algebraica es una expresión que contiene enteros, variables y operaciones matemáticas como suma, resta, multiplicación, división, etc.

☆ En una expresión, podemos combinar términos "similares". (valores con la misma variable y la misma potencia)

Ejemplos:

Ejemplo 1. Simplifica. $(3x + 9x + 2) =$

Solución: En esta expresión, hay tres términos: $3x$, $9x$, y 2. Dos términos son "términos similares" : $3x$ y $9x$. Combinar términos similares. $3x + 9x = 12x$. Entonces: $(3x + 9x + 2) = 12x + 2$ (Recuerde que no puede combinar variables y números.)

Ejemplo 2. Simplifica. $-17x^2 + 6x + 15x^2 - 13 =$

Solución: Combinar "términos similares": $-17x^2 + 15x^2 = -2x^2$
Entonces: $-17x^2 + 6x + 15x^2 - 13 = -2x^2 + 6x - 13$

Ejemplo 3. Simplifica. $5x - 18 - 6x^2 + 3x^2 =$

Solución: Combinar "términos similares". Entonces:
$5x - 18 - 6x^2 + 3x^2 = -3x^2 + 5x - 18$

Ejemplo 4. Simplifica. $-5x - 4x^2 + 9x - 11x^2 =$
Solución: Combinar "términos similares" : $-5x + 9x = 4x$, y $-4x^2 - 11x^2 = -15x^2$
Entonces: $-5x - 4x^2 + 9x - 11x^2 = 4x - 15x^2$. Escribir en forma estándar (los poderes más grandes primero): $4x - 15x^2 = -15x^2 + 4x$

Simplificación de Expresiones Polinómicas

☆ En matemáticas, un polinomio es una expresión que consiste en variables y coeficientes que involucra solo las operaciones de suma, resta, multiplicación y exponentes enteros no negativos de variables.

$$P(x) = a_n x^n + a_{n-1} x^{n-1} + \dots + a_2 x^2 + a_1 x + a_0$$

☆ Polinomios siempre debe simplificarse tanto como sea posible. Significa que debe sumar cualquier término similar. (valores con la misma variable y la misma potencia)

Ejemplos:

Ejemplo 1. Simplificar estas expresiones polinómicas. $-2x^2 + 9x^3 + 5x^3 - 7x^4$

Solución: Combinar "términos similares": $9x^3 + 5x^3 = 14x^3$

Entonces: $-2x^2 + 9x^3 + 5x^3 - 7x^4 = -2x^2 + 14x^3 - 7x^4$
Ahora, escribe la expresión en formato estándar:
$-2x^2 + 14x^3 - 7x^4 = -7x^4 + 14x^3 - 2x^2$

Ejemplo 2. Simplify this expression. $(4x^2 - x^3) - (-6x^3 + 3x^2) =$

Solución: Primero, multiplica (−) en $(-6x^3 + 3x^2)$:

$(4x^2 - x^3) - (-6x^3 + 3x^2) = 4x^2 - x^3 + 6x^3 - 3x^2$
Entonces combine "términos similares": $4x^2 - x^3 + 6x^3 - 3x^2 = x^2 + 5x^3$
Y escribe en forma estándar: $x^2 + 5x^3 = 5x^3 + x^2$

Ejemplo 3. Simplifica. $-2x^3 + 6x^4 - 5x^2 - 14x^4 =$

Solución: Combinar "términos similares": $6x^4 - 14x^4 = -8x^4$
Entonces: $-2x^3 + 6x^4 - 5x^2 - 14x^4 = -2x^3 - 8x^4 - 5x^2$
Y escribe en forma estándar: $-2x^3 - 8x^4 - 5x^2 = -8x^4 - 2x^3 - 5x^2$

La Propiedad Distributiva

- ☆ La Propiedad Distributiva (o La Propiedad Distributiva de Multiplicación sobre suma y resta) simplifica y resuelve expresiones en forma de: $a(b+c)$ or $a(b-c)$
- ☆ La Propiedad Distributiva es la multiplicación de un término fuera de los paréntesis por los términos de adentro.
- ☆ Regla de Propiedad Distributiva: $a(b+c)=ab+ac$

Ejemplos:

Ejemplo 1. Simplemente usando la Propiedad Distributiva. $(\mathbf{3})(4x-9)$

Solución: Use la regla de la Propiedad Distributiva: $a(b+c)=ab+ac$

$(\mathbf{3})(4x-9)=(3\times 4x)+(3)\times(-9)=12x-27$

Ejemplo 2. Simplemente. $(-4)(-3x+8)$

Solución: Use la regla de la Propiedad Distributiva: $a(b+c)=ab+ac$

$(-4)(-3x+8)=(-4\times(-3x))+(-4)\times(8)=12x-32$

Ejemplo 3. Simplemente. $(\mathbf{5})(3x+4)-13x$

Solución: Primero, simplifica $(\mathbf{5})(3x+4)$ usando la Propiedad Distributiva.

Entonces: $(\mathbf{5})(3x+4)=15x+20$

Ahora combine "términos similares": $(\mathbf{5})(3x+4)-13x=15x+20-13x$

En esta expresión, $15x$ y $-13x$ son "términos similares" y podemos combinarlos.

$15x-13x=2x$. Entonces: $15x+20-13x=2x+20$

Evaluando Una Variable

☆ Para evaluar las expresiones de una variable, busque la variable y sustituya esa variable por un número.

☆ Realizar las operaciones aritméticas.

Ejemplos:

Ejemplo 1. Calcule esta expresión para $x = \mathbf{1}$. $9 + 8x$

Solución: Primero, sustituya 1 para x.
Entonces: $9 + 8x = 9 + 8(1)$
Ahora, use el orden de operación para encontrar la respuesta: $9 + 8(1) = 9 + 8 = 17$

Ejemplo 2. Evalúe esta expresión para $x = \mathbf{-2}$. $7x - 3$

Solución: Primero, sustituya -2 para x.
Entonces: $7x - 3 = 7(-2) - 3$
Ahora, use el orden de operación para encontrar la respuesta: $7(-2) - 3 = -14 - 3 = -17$

Ejemplo 3. Encuentra el valor de esta expresión cuando $x = \mathbf{3}$. $(12 - 2x)$

Solución: Primero, sustituya 3 para x,
Entonces: $12 - 2x = 12 - 2(3) = 12 - 6 = 6$

Ejemplo 4. Resuelve esta expresión para $x = -4$. $11 + 5x$

Solución: Reemplaza -4 para x.
Entonces: $11 + 5x = 11 + 5(-4) = 11 - 20 = -9$

Evaluando Dos Variables

☆ Para evaluar una expresión algebraica, sustituya un número para cada variable.

☆ Realizar las operaciones aritméticas para encontrar el valor de la expresión.

Ejemplos:

Ejemplo 1. Calcule esta expresión para $a = \mathbf{-2}$ y $b = 3$. $(2a - 6b)$

Solución: Primero, sustituya -2 para a, y 3 para b.
Entonces: $2a - 6b = 2(-2) - 6(3)$
Ahora, use el orden de operación para encontrar la respuesta: $2(-2) - 6(3) = -4 - 18 = -22$

Ejemplo 2. Evalúe esta expresión para $x = \mathbf{-3}$ y $y = 4$. $(2x - 4y)$

Solución: Reemplaza -3 para x, y 4 para y.
Entonces: $2x - 4y = 2(-3) - 4(4) = -6 - 16 = -22$

Ejemplo 3. Encuentra el valor de esta expresión $3(-4a + 2b)$, cuando $a = -2$ y $b = -3$.

Solución: Reemplaza -2 para a, y -3 para b.
Entonces: $3(-4a + 2b) = 3\big(-4(-2) + 2(-3)\big) = 3(8 - 6) = 3(2) = 6$

Ejemplo 4. Evaluar esta expresión. $-5x - 3y,\ x = 2,\ y = -6$

Solución: Reemplaza 2 para x, y -6 para y y simplifica.
Entonces: $-5x - 3y = -5(2) - 3(-6) = -10 + 18 = 8$

Día 5: Práctica

Simplifica cada expresión.

1) $2 - 3x - 1 =$

2) $-6 - 2x + 8 =$

3) $11x - 6x - 4 =$

4) $-16x + 25x - 5 =$

5) $5x + 5 - 15x =$

6) $4 + 5x - 6x - 5 =$

7) $3x + 10 - 2x - 20 =$

8) $-3 - 2x^2 - 5 + 3x =$

9) $-7 + 9x^2 - 2 + 2x =$

10) $4x^2 + 2x - 12x - 5 =$

11) $2x^2 - 3x - 5x + 6 - 9 =$

12) $x^2 - 6x - x + 2 - 3 =$

13) $10x^2 - x - 8x + 3 - 10 =$

14) $4x^2 - 7x - x^2 + 2x + 5 =$

Simplifica cada polinomio.

15) $4x^2 + 3x^3 - x^2 + x =$

16) $5x^4 + x^5 - x^4 + 4x^2 =$

17) $15x^3 + 12x - 6x^2 - 9x^3 =$

18) $(7x^3 - 2x^2) + (6x^2 - 13x) =$

19) $(9x^4 + 6x^3) + (11x^3 - 5x^4) =$

20) $(15x^5 - 5x^3) - (4x^3 + 6x^2) =$

21) $(15x^4 + 7x^3) - (3x^3 - 26) =$

22) $(22x^4 + 6x^3) - (-2x^3 - 4x^4) =$

23) $(x^2 + 6x^3) + (-19x^2 + 6x^3) =$

24) $(2x^4 - x^3) + (-5x^3 - 7x^4) =$

Use la propiedad distributiva para simplificar cada expresión.

25) $3(5+x) =$
26) $5(4-x) =$
27) $6(2-5x) =$
28) $(4-3x)7 =$
29) $8(3-3x) =$
30) $(-1)(-6+2x) =$
31) $(-5)(3x-3) =$
32) $(-x+10)(-3)$
33) $(-2)(2-6x) =$
34) $(-6x-4)(-7) =$

Evalúa cada expresión usando el valor dado.

35) $x = 3 \rightarrow 12 - x =$
36) $x = 5 \rightarrow x + 7 =$
37) $x = 3 \rightarrow 3x - 5 =$
38) $x = 2 \rightarrow 18 - 3x =$
39) $x = 7 \rightarrow 5x - 4 =$
40) $x = 6 \rightarrow 21 - x =$
41) $x = 5 \rightarrow 10x - 20 =$
42) $x = -5 \rightarrow 4 - x =$
43) $x = -2 \rightarrow 25 - 3x =$
44) $x = -7 \rightarrow 16 - x =$
45) $x = -13 \rightarrow 40 - 2x =$
46) $x = -4 \rightarrow 20x - 6 =$
47) $x = -6 \rightarrow -11x - 19 =$
48) $x = -8 \rightarrow -1 - 3x =$

Evalúa cada expresión usando el valor dado.

49) $x = 3,\ y = 2 \rightarrow 3x + 2y =$
50) $a = 4,\ b = 1 \rightarrow 2a - 6b =$
51) $x = 5,\ y = 7 \rightarrow 2x - 4y - 5 =$
52) $a = -3,\ b = 4 \rightarrow -3a + 4b + 2 =$
53) $x = -4,\ y = -3 \rightarrow 2x - 6 - 4y =$

Día 5: Respuestas

1) $2 - 3x - 1 \rightarrow 2 - 1 = 1 \rightarrow 2 - 3x - 1 = -3x + 1$

2) $-6 - 2x + 8 \rightarrow -6 + 8 = 2 \rightarrow -6 - 2x + 8 = -2x + 2$

3) $11x - 6x - 4 \rightarrow 11x - 6x = 5x \rightarrow 11x - 6x - 4 = 5x - 4$

4) $-16x + 25x - 5 \rightarrow -16x + 25x = 9x \rightarrow -16x + 25x - 5 = 9x - 5$

5) $5x + 5 - 15x \rightarrow 5x - 15x = -10x \rightarrow 5x + 5 - 15x = -10x + 5$

6) $4 + 5x - 6x - 5 \rightarrow 4 - 5 = -1, 5x - 6x = -x \rightarrow 4 + 5x - 6x - 5 = -x - 1$

7) $3x + 10 - 2x - 20 \rightarrow 10 - 20 = -10, 3x - 2x = x \rightarrow 3x + 10 - 2x - 20 = x - 10$

8) $-3 - 2x^2 - 5 + 3x \rightarrow -3 - 5 = -8 \rightarrow -3 - 2x^2 - 5 + 3x = -2x^2 + 3x - 8$

9) $-7 + 9x^2 - 2 + 2x \rightarrow -7 - 2 = -9 \rightarrow -7 + 9x^2 - 2 + 2x = 9x^2 + 2x - 9$

10) $4x^2 + 2x - 12x - 5 \rightarrow 2x - 12x = -10x \rightarrow 4x^2 + 2x - 12x - 5 = 4x^2 - 10x - 5$

11) $2x^2 - 3x - 5x + 6 - 9 \rightarrow -3x - 5x = -8x, 6 - 9 = -3 \rightarrow$

$2x^2 - 3x - 5x + 6 - 9 = 2x^2 - 8x - 3$

12) $x^2 - 6x - x + 2 - 3 \rightarrow -6x - x = -7x, 2 - 3 = -1 \rightarrow x^2 - 6x - x + 2 - 3 =$
$x^2 - 7x - 1$

13) $10x^2 - x - 8x + 3 - 10 \rightarrow -x - 8x = -9x, 3 - 10 = -7 \rightarrow 10x^2 - x - 8x + 3 -$
$10 = 10x^2 - 9x - 7$

14) $4x^2 - 7x - x^2 + 2x + 5 \rightarrow 4x^2 - x^2 = 3x^2, -7x + 2x = -5x \rightarrow$

$4x^2 - 7x - x^2 + 2x + 5 = 3x^2 - 5x + 5$

15) $4x^2 + 3x^3 - x^2 + x \rightarrow 4x^2 - x^2 = 3x^2 \rightarrow 4x^2 + 3x^3 - x^2 + x = 3x^3 + 3x^2 + x$

16) $5x^4 + x^5 - x^4 + 4x^2 \rightarrow 5x^4 - x^4 = 4x^4 \rightarrow 5x^4 + x^5 - x^4 + 4x^2 =$

$4x^4 + x^5 + 4x^2 = x^5 + 4x^4 + 4x^2$

17) $15x^3 + 12x - 6x^2 - 9x^3 \rightarrow 15x^3 - 9x^3 = 6x^3 \rightarrow 15x^3 + 12x - 6x^2 - 9x^3 =$

$6x^3 + 12x - 6x^2 = 6x^3 - 6x^2 + 12x$

18) $(7x^3 - 2x^2) + (6x^2 - 13x) = 7x^3 - 2x^2 + 6x^2 - 13x \rightarrow -2x^2 + 6x^2 = 4x^2 \rightarrow$
$7x^3 - 2x^2 + 6x^2 - 13x = 7x^3 + 4x^2 - 13x$

19) $(9x^4 + 6x^3) + (11x^3 - 5x^4) = 9x^4 + 6x^3 + 11x^3 - 5x^4 \rightarrow 9x^4 - 5x^4 = 4x^4,$
$6x^3 + 11x^3 = 17x^3 \rightarrow 9x^4 + 6x^3 + 11x^3 - 5x^4 = 4x^4 + 17x^3$

20) $(15x^5 - 5x^3) - (4x^3 + 6x^2) = 15x^5 - 5x^3 - 4x^3 - 6x^2 \rightarrow -5x^3 - 4x^3 = -9x^3 \rightarrow$
$15x^5 - 5x^3 - 4x^3 - 6x^2 = 15x^5 - 9x^3 - 6x^2$

21) $(15x^4 + 7x^3) - (3x^3 - 26) = 15x^4 + 7x^3 - 3x^3 + 26 \rightarrow 7x^3 - 3x^3 = 4x^3 \rightarrow$
$15x^4 + 7x^3 - 3x^3 + 26 = 15x^4 + 4x^3 + 26$

22) $(22x^4 + 6x^3) - (-2x^3 - 4x^4) = 22x^4 + 6x^3 + 2x^3 + 4x^4 \rightarrow 22x^4 + 4x^4 =$
$26x^4, 6x^3 + 2x^3 = 8x^3 \rightarrow 22x^4 + 6x^3 + 2x^3 + 4x^4 = 26x^4 + 8x^3$

23) $(x^2 + 6x^3) + (-19x^2 + 6x^3) = x^2 + 6x^3 - 19x^2 + 6x^3 \rightarrow 6x^3 + 6x^3 = 12x^3,$
$-19x^2 + x^2 = -18x^2 \rightarrow x^2 + 6x^3 - 19x^2 + 6x^3 = 12x^3 - 18x^2$

24) $(2x^4 - x^3) + (-5x^3 - 7x^4) = 2x^4 - x^3 - 5x^3 - 7x^4 \rightarrow 2x^4 - 7x^4 =$

$-5x^4, -x^3 - 5x^3 = -6x^3 \rightarrow 2x^4 - x^3 - 5x^3 - 7x^4 = -5x^4 - 6x^3$

25) $3(5 + x) = (3) \times (5) + (3) \times x = 15 + 3x = 3x + 15$

26) $5(4 - x) = (5) \times (4) + (5) \times (-x) = 20 + (-5x) = -5x + 20$

27) $6(2 - 5x) = (6) \times (2) + (6) \times (-5x) = 12 + (-30x) = -30x + 12$

28) $(4 - 3x)7 = (4) \times (7) + (-3x) \times (7) = 28 + (-21x) = -21x + 28$

29) $8(3 - 3x) = (8) \times (3) + (8) \times (-3x) = 24 + (-24x) = -24x + 24$

30) $(-1)(-6 + 2x) = (-1) \times (-6) + (-1) \times (2x) = 6 + (-2x) = -2x + 6$

31) $(-5)(3x - 3) = (-5) \times (3x) + (-5) \times (-3) = -15x + 15$

32) $(-x+10)(-3) = (-x) \times (-3) + (10) \times (-3) = 3x - 30$

33) $(-2)(2-6x) = (-2) \times (2) + (-2) \times (-6x) = -4 + 12x = 12x - 4$

34) $(-6x-4)(-7) = (-6x) \times (-7) + (-4) \times (-7) = 42x + 28$

35) $x = 3 \rightarrow 12 - x = 12 - 3 = 9$

36) $x = 5 \rightarrow x + 7 = 5 + 7 = 12$

37) $x = 3 \rightarrow 3x - 5 = (3) \times (3) - 5 = 9 - 5 = 4$

38) $x = 2 \rightarrow 18 - 3x = 18 - (3) \times (2) = 18 - 6 = 12$

39) $x = 7 \rightarrow 5x - 4 = (5) \times (7) - 4 = 35 - 4 = 31$

40) $x = 6 \rightarrow 21 - x = 21 - 6 = 15$

41) $x = 5 \rightarrow 10x - 20 = (10) \times (5) - 20 = 50 - 20 = 30$

42) $x = -5 \rightarrow 4 - x = 4 - (-5) = 4 + 5 = 9$

43) $x = -2 \rightarrow 25 - 3x = 25 - (3) \times (-2) = 25 - (-6) = 25 + 6 = 31$

44) $x = -7 \rightarrow 16 - x = 16 - (-7) = 16 + 7 = 23$

45) $x = -13 \rightarrow 40 - 2x = 40 - (2) \times (-13) = 40 - (-26) = 40 + 26 = 66$

46) $x = -4 \rightarrow 20x - 6 = 20 \times (-4) - 6 = -80 - 6 = -86$

47) $x = -6 \rightarrow -11x - 19 = (-11) \times (-6) - 19 = 66 - 19 = 47$

48) $x = -8 \rightarrow -1 - 3x = (-1) - (3) \times (-8) = -1 - (-24) = -1 + 24 = 23$

49) $x = 3,\ y = 2 \rightarrow 3x + 2y = 3 \times (3) + 2(2) = 9 + 4 = 13$

50) $a = 4,\ b = 1 \rightarrow 2a - 6b = 2 \times (4) - 6(1) = 8 - 6 = 2$

51) $x = 5,\ y = 7 \rightarrow 2x - 4y - 5 = 2 \times (5) - 4(7) - 5 = 10 - 28 - 5 = -23$

52) $a = -3,\ b = 4 \rightarrow -3a + 4b + 2 = -3 \times (-3) + 4(4) + 2 = 9 + 16 + 2 = 27$

53) $x = -4,\ y = -3 \rightarrow 2x - 6 - 4y = 2 \times (-4) - 6 - 4(-3) = -8 - 6 + 12 = -2$

Ecuaciones y Desigualdades

Temas matemáticos que aprenderás en este capítulo:

1. Ecuaciones de Un Paso
2. Ecuaciones de Varios Pasos
3. Sistema de Ecuaciones
4. Graficación de Desigualdades entre una Sola Variable
5. Desigualdades de Un Paso
6. Desigualdades de Varios Pasos

Ecuaciones de Un Paso

☆ Los valores de dos expresiones en ambos lados de una ecuación son iguales. Ejemplo: $ax = b$. En esta ecuación, ax es igual a b.

☆ Resolver una ecuación significa encontrar el valor de la variable.

☆ Sólo necesitas realizar una operación matemática para resolver las ecuaciones de un paso .

☆ Para obtener una ecuación de un solo paso, encuentre que se está realizando la operación inversa (opuesta).

☆ Las operaciones inversas son:

- Suma y resta
- Multiplicación y división

Ejemplos:

Ejemplo 1. Resuelve esta ecuación para x. $6x = 18 \rightarrow x = ?$

Solución: Aquí, la operación es multiplicación (la variable x es multiplicada por 6) y su operación inversa es la división. Para resolver esta ecuación, divide ambos lados de la ecuación por **6**: $6x = 18 \rightarrow \frac{6x}{6} = \frac{18}{6} \rightarrow x = 3$

Ejemplo 2. Resuelve esta ecuación. $x + 5 = 0 \rightarrow x = ?$

Solución: En esta ecuación, 5 se suma a la variable x. La operación inversa de la suma es la resta. Para refutar esta ecuación, resta 5 de ambos lados de la ecuación: $x + 5 - 5 = 0 - 5$. Entonces: $x + 5 - 5 = 0 - 5 \rightarrow x = -5$

Ejemplo 3. Resuelve esta ecuación para x. $x - 11 = 0$

Solución: Aquí, la operación es resta y su operación inversa es suma. Para refutar esta ecuación, suma 11 a ambos lados de la ecuación:
$x - 11 + 11 = 0 + 11 \rightarrow x = 11$

Ecuaciones de Varios Pasos

☆ Para resumir una ecuación de varios pasos, combine "términos similares" en un lado.

☆ Deja las variables a un lado sumando o restando.

☆ Simplifique usando el inverso de suma o resta.

☆ Simplifique aún más utilizando el inverso de la multiplicación o división.

☆ Verifique su solución ingresando el valor de la variable en la ecuación original.

Ejemplos:

Ejemplo 1. Resuelve esta ecuación para x. $5x - 6 = 26 - 3x$

Solución: Primero, deje las variables a un lado agregando $3x$ en ambos lados. Entonces:
$5x - 6 + 3x = 26 - 3x + 3x \rightarrow 5x - 6 + 3x = 26$.
Simplifica: $8x - 6 = 26$. Ahora, suma 6 a ambos lados de la ecuación:
$8x - 6 + 6 = 26 + 6 \rightarrow 8x = 32 \rightarrow$ Divide ambos lados entre 8:
$8x = 32 \rightarrow \frac{8x}{8} = \frac{32}{8} \rightarrow x = 4$
Vamos a comprobar esta solución sustituyendo el valor de 4 por x en la ecuación original:
$x = 4 \rightarrow 5x - 6 = 26 - 3x \rightarrow 5(4) - 6 = 26 - 3(4) \rightarrow 20 - 6 = 26 - 12 \rightarrow 14 = 14$
La repsuesta $x = 4$ es correcta.

Ejemplo 2. Resuelve esta ecuación para x. $\mathbf{6}x - \mathbf{3} = 15$

Solución: Suma 3 a ambos lados de la ecuación.
$\mathbf{6}x - \mathbf{3} = 15 \rightarrow \mathbf{6}x - \mathbf{3} + \mathbf{3} = 15 + 3 \rightarrow 6x = 18$
Divide ambos lados entre 6, entonces: $6x = 18 \rightarrow \frac{6x}{6} = \frac{18}{6} \rightarrow x = 3$
Ahora, revisa la solución :
$x = 4 \rightarrow \mathbf{6}(3) - \mathbf{3} = 15 \rightarrow \mathbf{18} - \mathbf{3} = 15 \rightarrow 15 = 15$
La respuesta $x = 4$ es correcta.

Sistema de Ecuaciones

☆ Un sistema de ecuaciones contiene dos ecuaciones y dos variables. Por ejemplo, considere el sistema de ecuaciones : $x - y = 1$ y $x + y = 5$

☆ La forma más fácil de recuperar un sistema de ecuaciones es utilizando el método de eliminación. El método de eliminación utiliza la propiedad de adición de igualdad. Puedes agregar el mismo valor a cada lado de una ecuación.

☆ Para la primera ecuación anterior, puede agregar $x + y$ al lado izquierdo y 5 al lado derecho de la primera ecuación: $x - y + (x + y) = 1 + 5$. Ahora, si simplificas, obtienes: $x - y + (x + y) = 1 + 5 \rightarrow 2x = 6 \rightarrow x = 3$. Ahora, sustituya 3 por la x en la primera ecuación: $3 - y = 1$. Al resolver esta ecuación, $y = 2$

Ejemplo:

¿Cuál es el valor de $x + y$ en este sistema de ecuaciones?

$$\begin{cases} -x + y = 18 \\ 2x - 6y = -12 \end{cases}$$

Solución: Resolviendo el sistema de ecuaciones por eliminación:
Multiplica la primera ecuación por (2), entonces súmelo a la segunda ecuación.

$$\frac{\begin{array}{l} 2(-x + y = 18) \\ 2x - 6y = -12 \end{array}}{} \Rightarrow \begin{array}{l} -2x + 2y = 36 \\ 2x - 6y = -12 \end{array} \Rightarrow (-2x) + 2x + 2y - 6y = 36 - 12 \Rightarrow -4y = 24 \Rightarrow$$

$y = -6$

Inserte el valor de y en una de las ecuaciones y resuelve para x.
$-x + (-6) = 18 \Rightarrow -x - 6 = 18 \Rightarrow -x = 24 \Rightarrow x = -24$
Entonces, $x + y = -24 - 6 = -30$

Graficación de Desigualdades entre una Sola Variable

☆ Una desigualdad compara dos expresiones usando un signo de desigualdad.

☆ Los signos de desigualdad son: “menor que" <, "mayor que" >, “menor o igual que” ≤, y “mayor o igual que” ≥.

☆ Para graficar una desigualdad de una sola variable, encuentre el valor de la desigualdad en la recta numérica.

☆ Para menor que (<) o mayor que (>) dibuja un círculo abierto sobre el valor de la variable. Si también hay un signo igual, entonces usa un círculo relleno.

☆ Dibuja una flecha a la derecha para mayor o a la izquierda para menos.

Ejemplos:

Ejemplo 1. Dibuja un gráfico para esta desigualdad. $x > 3$

Solución: Como la variable es mayor que 3, entonces necesitamos encontrar 3 en la recta numérica y dibujar un círculo abierto sobre ella. Entonces, dibuja una flecha a la derecha.

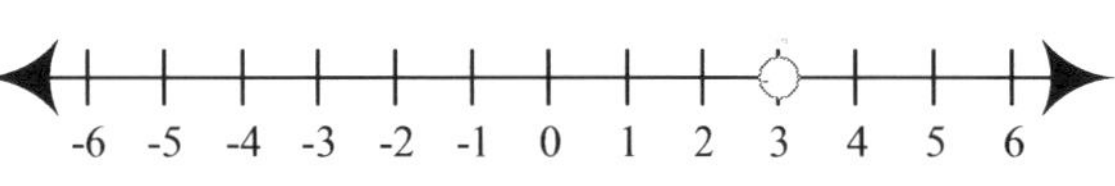

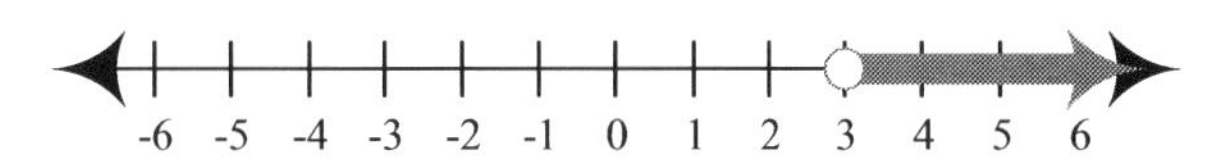

Ejemplo 2. Grafique esta desigualdad. $x \leq -1$.

Solución: Dado que la variable es menor o igual que -1, entonces necesitamos encontrar -1 en la recta numérica y dibujar un círculo lleno en ella. Entonces, dibuja una flecha a la izquierda.

Desigualdades de Un Paso

- ☆ Una desigualdad compara dos expresiones usando un signo de desigualdad.
- ☆ Los signos de desigualdad son: "menor que" $<$, "mayor que" $>$, "menor o igual que" $\leq$, y "mayor o igual que" $\geq$.
- ☆ Solo necesitas realizar una operación matemática para resuelve las desigualdades de un paso.
- ☆ Para resolver desigualdades de un paso, encuentre que se está realizando la operación inversa (opuesta).
- ☆ Para dividir o multiplicar ambos lados por números negativos, voltee la dirección del signo de desigualdad.

Ejemplos:

Ejemplo 1. Resuelve esta desigualdad para x. $x + 7 \geq 2$

Solución: La operación inversa (opuesta) de la suma es la resta. En esta desigualdad, 7 se añade a x. Para aislar x necesitamos restar 7 de ambos lados de la desigualdad.
Entonces: $x + 7 \geq 2 \rightarrow x + 7 - 7 \geq 2 - 7 \rightarrow x \geq -5$. La solución es: $x \geq -5$

Ejemplo 2. Resuelve la desigualdad. $x - 2 > -12$

Solución: 2 se resta de x. Suma 2 de ambos lados.
$x - 2 > -12 \rightarrow x - 2 + 2 > -12 + 2 \rightarrow x > -10$

Ejemplo 3. Resuelve. $\mathbf{6}x \leq -36$

Solución: 6 es multiplicado por x. Divide ambos lados entre 6.
Entonces: $\mathbf{6}x \leq -36 \rightarrow \frac{6x}{6} \leq \frac{-36}{6} \rightarrow x \leq -6$

Ejemplo 4. Resuelve. $-\mathbf{2}x \leq 10$

Solución: -2 es multiplicado por x. Divide ambos lados entre -2. Recuerde que al dividir o multiplicar ambos lados de una desigualdad por números negativos, voltee la dirección del signo de desigualdad.
Entonces: $-\mathbf{2}x \leq 10 \rightarrow \frac{-2x}{-2} \geq \frac{10}{-2} \rightarrow x \geq -5$

Desigualdades de Varios Pasos

- ☆ Para resolver una desigualdad de varios pasos, combine "términos similares" en un lado.
- ☆ Deja las variables a un lado sumando o restando.
- ☆ Aislar la variable.
- ☆ Simplifique usando el inverso de suma o resta.
- ☆ Simplifique aún más utilizando el inverso de la multiplicación o división.
- ☆ Para dividir o multiplicar ambos lados por números negativos, voltee la dirección del signo de desigualdad.

Ejemplos:

Ejemplo 1. Resuelve esta desigualdad. $\mathbf{4}x - 1 \leq 23$

Solución: En esta desigualdad, 1 se resta de $4x$. El inverso de la resta es la suma. Añadir 1 a ambos lados de la desigualdad:

$\mathbf{4}x - 1 + 1 \leq 23 + 1 \rightarrow \mathbf{4}x \leq 24$

Ahora, divide ambos lados entre 4. Entonces: $4x \leq 24 \rightarrow \frac{4x}{4} \leq \frac{24}{4} \rightarrow x \leq 6$

La solución de esta desigualdad es $x \leq 6$.

Ejemplo 2. Resuelve esta desigualdad. $2x - 6 < 18$

Solución: Primero, agregue 6 a ambos lados: $2x - 6 + 6 < 18 + 6$

Entonces simplifica: $2x - 6 + 6 < 18 + 6 \rightarrow 2x < 24$

Ahora divide ambos lados entre 2: $\frac{2x}{2} < \frac{24}{2} \rightarrow x < 12$

Ejemplo 3. Resuelve esta desigualdad. $-\mathbf{4}x - 8 \geq 12$

Solución: Primero, agregue 8 a ambos lados:

$-\mathbf{4}x - 8 + 8 \geq 12 + 8 \rightarrow -4x \geq 20$

Divide ambos lados entre -4. Recuerde que debe cambiar la dirección del signo de desigualdad. $-4x \geq 20 \rightarrow \frac{-4x}{-4} \leq \frac{20}{-4} \rightarrow x \leq -5$

Día 6: Práctica

Refuta cada ecuación. (Ecuaciones de Un Paso)

1) $x + 2 = 5 \rightarrow x =$

2) $8 = 13 + x \rightarrow x =$

3) $-6 = 7 + x \rightarrow x =$

4) $x - 5 = -3 \rightarrow x =$

5) $-13 = x - 15 \rightarrow x =$

6) $-10 + x = -4 \rightarrow x =$

7) $-19 + x = 7 \rightarrow x =$

8) $-6x = 24 \rightarrow x =$

9) $\frac{x}{4} = -5 \rightarrow x =$

10) $-2x = -4 \rightarrow x =$

Resuelve cada ecuación. (Ecuaciones de Varios Pasos)

11) $2(x + 5) = 16 \rightarrow x =$

12) $-6(3 - x) = 18 \rightarrow x =$

13) $25 = -5\,(x + 4) \rightarrow x =$

14) $-12 = 6(9 + x) \rightarrow x =$

15) $11(x + 5) = -22 \rightarrow x =$

16) $-27 - 36x = 45 \rightarrow x =$

17) $3x - 4 = x - 12 \rightarrow x =$

18) $-8x + x - 11 = 24 \rightarrow x =$

Resuelve cada sistema de ecuaciones.

19) $\begin{cases} x + 4y = 29 \\ x + 2y = 5 \end{cases}$ $x =$ ____ $y =$ ____

20) $\begin{cases} 2x + y = 36 \\ x + 4y = 4 \end{cases}$ $x =$ ____ $y =$ ____

21) $\begin{cases} 2x + 5y = 15 \\ x + y = 6 \end{cases}$ $x =$ ____ $y =$ ____

22) $\begin{cases} 2x - 2y = -16 \\ -9x + 2y = -19 \end{cases}$ $x =$ ____ $y =$ ____

Dibuja un gráfico para cada desigualdad.

23) $x \leq 1$

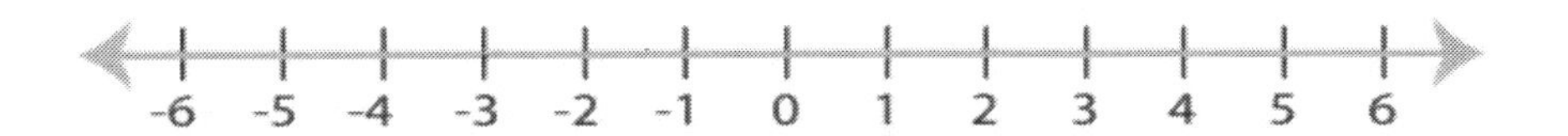

24) $x > -4$

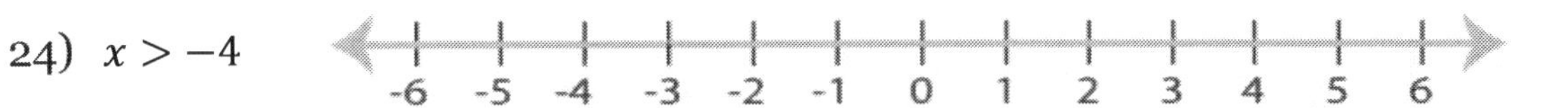

Resuelve cada desigualdad y grafícala.

25) $x - 3 \geq -2$

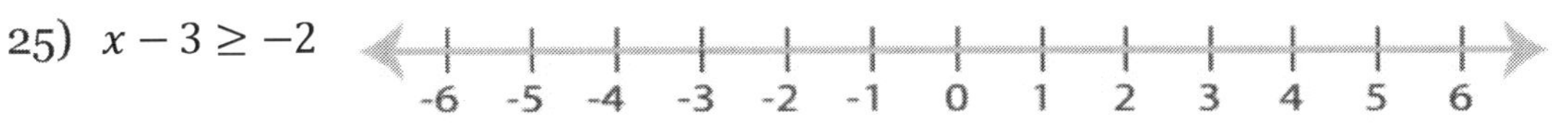

26) $7x - 6 < 8$

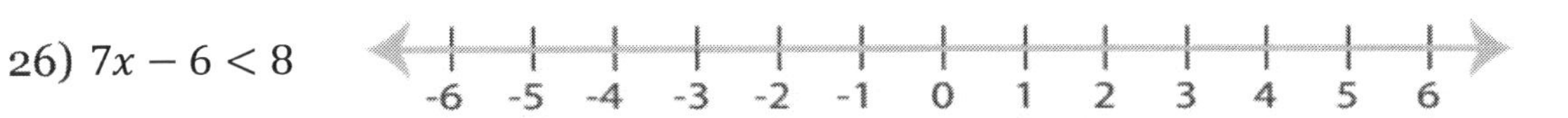

Reducir cada desigualdad.

27) $x + 11 > 3$

28) $x + 4 > 1$

29) $-6 + 3x \leq 21$

30) $-5 + 4x \leq 19$

31) $4 + 9x \leq 31$

32) $8(x + 3) \geq -16$

33) $3(6 + x) \geq 18$

34) $3(x - 2) < -9$

35) $15 + 9x < -30$

36) $3(6 - x) \geq -27$

37) $4(x - 5) \geq -32$

38) $6(x + 4) < -24$

39) $7(x - 8) \geq -49$

40) $-(-6 - 5x) > -39$

41) $2(1 - 2x) > -66$

42) $-3(3 - 2x) > -33$

Día 6: Respuestas

1) $x + 2 = 5 \rightarrow x = 5 - 2 = 3$

2) $8 = 13 + x \rightarrow x = 8 - 13 = -5$

3) $-6 = 7 + x \rightarrow x = -6 - 7 = -13$

4) $x - 5 = -3 \rightarrow x = -3 + 5 = 2$

5) $-13 = x - 15 \rightarrow x = -13 + 15 = 2$

6) $-10 + x = -4 \rightarrow x = -4 + 10 = 6$

7) $-19 + x = 7 \rightarrow x = 7 + 19 = 26$

8) $-6x = 24 \rightarrow x = \frac{24}{-6} = -4$

9) $\frac{x}{4} = -5 \rightarrow x = -5 \times 4 = -20$

10) $-2x = -4 \rightarrow x = \frac{-4}{-2} = 2$

11) $2(x + 5) = 16 \rightarrow \frac{2(x+5)}{2} = \frac{16}{2} \rightarrow (x + 5) = 8 \rightarrow x = 8 - 5 = 3$

12) $-6(3 - x) = 18 \rightarrow \frac{-6(3-x)}{-6} = \frac{18}{-6} \rightarrow (3 - x) = -3 \rightarrow x = 3 + 3 = 6$

13) $25 = -5\,(x + 4) \rightarrow \frac{25}{-5} = \frac{-5(x+4)}{-5} \rightarrow -5 = (x + 4) \rightarrow x = -5 - 4 = -9$

14) $-12 = 6(9 + x) \rightarrow \frac{-12}{6} = \frac{6(9+x)}{6} \rightarrow -2 = (9 + x) \rightarrow x = -2 - 9 = -11$

15) $11(x + 5) = -22 \rightarrow \frac{11(x+5)}{11} = \frac{-22}{11} \rightarrow (x + 5) = -2 \rightarrow x = -2 - 5 = -7$

16) $-27 - 36x = 45 \rightarrow -36x = 45 + 27 \rightarrow -36x = 72 \rightarrow \frac{-36x}{-2} = \frac{72}{-2} \rightarrow x = -2$

17) $3x - 4 = x - 12 \rightarrow 3x - 4 - x = x - 12 - x \rightarrow 2x - 4 = -12 \rightarrow 2x = -12 + 4 \rightarrow$

$2x = -8 \rightarrow \frac{2x}{2} = \frac{-8}{2} \rightarrow x = -4$

18) $-8x + x - 11 = 24 \rightarrow -7x = 24 + 11 \rightarrow \frac{-7x}{-7} = \frac{35}{-7} \rightarrow x = -5$

19) $\begin{cases} x + 4y = 29 \\ x + 2y = 5 \end{cases} \rightarrow \begin{matrix} -(x + 4y = 29) \\ x + 2y = 5 \end{matrix} \rightarrow \begin{matrix} -x - 4y = -29 \\ x + 2y = 5 \end{matrix} \rightarrow (-x) + x - 4y + 2y =$

$-29 + 5 \rightarrow -2y = -24 \rightarrow \frac{-2y}{-2} = \frac{-24}{-2} \rightarrow y = 12$

Inserte el valor de y en una de las ecuaciones y resuelve para x.

$x + 2y = 5 \rightarrow x + 2(12) = 5 \rightarrow x + 24 = 5 \rightarrow x = 5 - 24 = -19$

20) $\begin{cases} 2x + y = 36 \\ x + 4y = 4 \end{cases} \rightarrow \begin{matrix} 2x + y = 36 \\ -2(x + 4y = 4) \end{matrix} \rightarrow \begin{matrix} 2x + y = 36 \\ -2x - 8y = -8 \end{matrix} \rightarrow 2x - 2x + y - 8y = 36 - 8 \rightarrow -7y = 28 \rightarrow \frac{-7y}{-7} = \frac{28}{-7} \rightarrow y = -4$

Inserte el valor de y en una de las ecuaciones y resuelve para x.

$x + 4y = 4 \rightarrow x + 4(-4) = 4 \rightarrow x - 16 = 4 \rightarrow x = 4 + 16 = 20$

21) $\begin{cases} 2x + 5y = 15 \\ x + y = 6 \end{cases} \rightarrow \begin{matrix} 2x + 5y = 15 \\ -2(x + y = 6) \end{matrix} \rightarrow \begin{matrix} 2x + 5y = 15 \\ -2x - 2y = -12 \end{matrix} \rightarrow 2x - 2x + 5y - 2y = 15 - 12 \rightarrow 3y = 3 \rightarrow \frac{3y}{3} = \frac{3}{3} \rightarrow y = 1$

Inserte el valor de y en una de las ecuaciones y resuelve para x.

$x + y = 6 \rightarrow x + 1 = 6 \rightarrow x = 6 - 1 = 5$

22) $\begin{cases} 2x - 2y = -16 \\ -9x + 2y = -19 \end{cases} \rightarrow 2x - 9x - 2y + 2y = -16 - 19 \rightarrow -7x = -35 \rightarrow \frac{-7x}{-7} = \frac{-35}{-7} \rightarrow x = 5$

Inserte el valor de x en una de las ecuaciones y resuelve para y.

$2x - 2y = -16 \rightarrow 2(5) - 2y = -16 \rightarrow 10 - 2y = -16 \rightarrow 10 + 16 = 2y \rightarrow 26 = 2y$

$\rightarrow \frac{26}{2} = \frac{2y}{2} \rightarrow y = 13$

23) $x \leq 1$

-6 -5 -4 -3 -2 -1 0 1 2 3 4 5 6

24) $x > -4$

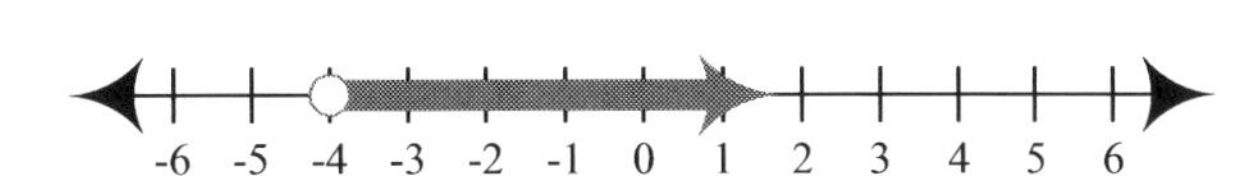

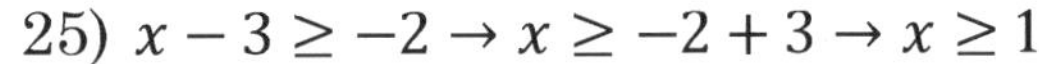

25) $x - 3 \geq -2 \rightarrow x \geq -2 + 3 \rightarrow x \geq 1$

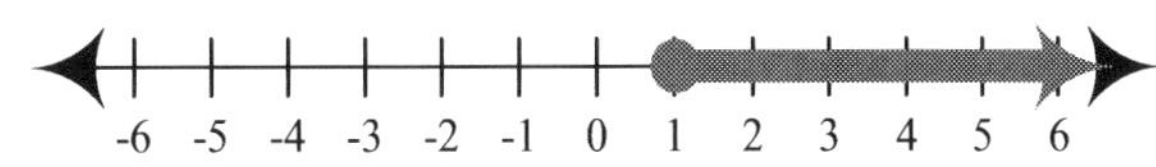

26) $7x - 6 < 8 \rightarrow 7x < 8 + 6 \rightarrow 7x < 14 \rightarrow x < \frac{14 \div 7}{7 \div 7} \rightarrow x < 2$

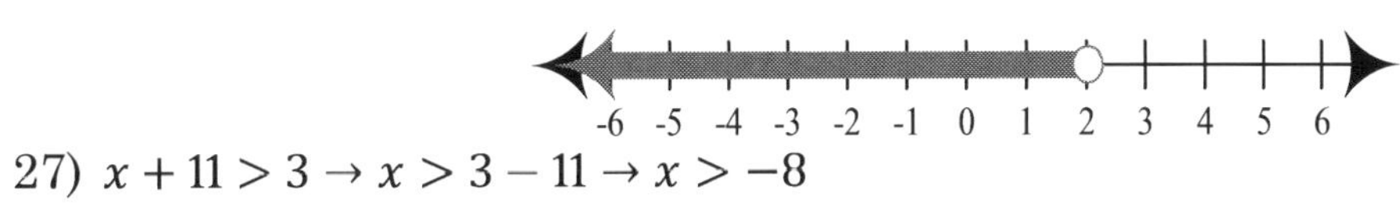

27) $x + 11 > 3 \rightarrow x > 3 - 11 \rightarrow x > -8$

28) $x + 4 > 1 \rightarrow x > 1 - 4 \rightarrow x > -3$

29) $-6 + 3x \leq 21 \rightarrow 3x \leq 21 + 6 \rightarrow 3x \leq 27 \rightarrow x \leq \frac{27 \div 3}{3 \div 3} \rightarrow x \leq 9$

30) $-5 + 4x \leq 19 \rightarrow 4x \leq 19 + 5 \rightarrow 4x \leq 24 \rightarrow x \leq \frac{24 \div 4}{4 \div 4} \rightarrow x \leq 6$

31) $4 + 9x \leq 31 \rightarrow 9x \leq 31 - 4 \rightarrow 9x \leq 27 \rightarrow x \leq \frac{27 \div 9}{9 \div 9} \rightarrow x \leq 3$

32) $8(x + 3) \geq -16 \rightarrow x + 3 \geq \frac{-16}{8} \rightarrow x + 3 \geq -2 \rightarrow x \geq -2 - 3 \rightarrow x \geq -5$

33) $3(6 + x) \geq 18 \rightarrow 6 + x \geq \frac{18}{3} \rightarrow 6 + x \geq 6 \rightarrow x \geq 6 - 6 \rightarrow x \geq 0$

34) $3(x - 2) < -9 \rightarrow x - 2 < \frac{-9}{3} \rightarrow x - 2 < -3 \rightarrow x < -3 + 2 \rightarrow x < -1$

35) $15 + 9x < -30 \rightarrow 9x < -30 - 15 \rightarrow 9x < -45 \rightarrow x < \frac{-45}{9} \rightarrow x < -5$

36) $3(6 - x) \geq -27 \rightarrow 6 - x \geq \frac{-27}{3} \rightarrow 6 - x \geq -9 \rightarrow -x \geq -9 - 6 \rightarrow \frac{-x}{-1} \leq \frac{-15}{-1} \rightarrow$

$x \leq 15$

37) $4(x - 5) \geq -32 \rightarrow x - 5 \geq \frac{-32}{4} \rightarrow x - 5 \geq -8 \rightarrow x \geq -8 + 5 \rightarrow x \geq -3$

38) $6(x + 4) < -24 \rightarrow x + 4 < \frac{-24}{6} \rightarrow x + 4 < -4 \rightarrow x < -4 - 4 \rightarrow x < -8$

39) $7(x - 8) \geq -49 \rightarrow x - 8 \geq \frac{-49}{7} \rightarrow x - 8 \geq -7 \rightarrow x \geq -7 + 8 \rightarrow x \geq 1$

40) $-(-6 - 5x) > -39 \rightarrow 6 + 5x > -39 \rightarrow 5x > -39 - 6 \rightarrow 5x > -45 \rightarrow$

$x > \frac{-45}{5} \rightarrow x > -9$

41) $2(1 - 2x) > -66 \rightarrow 1 - 2x > \frac{-66}{2} \rightarrow 1 - 2x > -33 \rightarrow -2x > -33 - 1 \rightarrow$

$-2x > -34 \rightarrow x < \frac{-34}{-2} \rightarrow x < \frac{-34}{-2} \rightarrow x < 17$

42) $-3(3 - 2x) > -33 \rightarrow -9 + 6x > -33 \rightarrow 6x > -33 + 9 \rightarrow 6x > -24 \rightarrow$

$\frac{6x}{6} > \frac{-24}{6} \rightarrow x > -4$

Líneas y Pendiente

Temas matemáticos que aprenderás en este capítulo:

1. Encontrando la Pendiente
2. Graficar líneas mediante el formulario de pendiente-intersección
3. Escribiendo Ecuaciones Lineales
4. Encontrando el Punto Medio
5. Encontrando la Distancia de Dos Puntos
6. Graficando Desigualdades Lineales

Encontrando la Pendiente

☆ La pendiente de una línea representa la dirección de una línea en el plano de coordenadas.

☆ Un plano de coordenadas contiene dos rectas numéricas perpendiculares. La línea horizontal es x y la línea vertical es y. El punto en el que los dos ejes se cruzan se llama origen. Un par ordenado (x, y) muestra la ubicación de un punto.

☆ Se puede dibujar una línea en un plano de coordenadas conectando dos puntos.

☆ Para encontrar la pendiente de una recta, necesitamos la ecuación de la recta o dos puntos de la recta.

☆ La pendiente de una línea con dos puntos A (x_1, y_1) y B (x_2, y_2) se puede encontrar usando esta fórmula: $\frac{y_2 - y_1}{x_2 - x_1} = \frac{subir}{\text{correr}}$

☆ La ecuación de una recta se escribe típicamente como y=mx+b donde m es la pendiente y b es la intersección y.

Ejemplos:

Ejemplo 1. Encuentra la pendiente de la línea a través de estos dos puntos:

$\boldsymbol{A}(5, -5)\ y\ B(9, 7)$.

Solución: ***Pendiente*** $= \frac{y_2 - y_1}{x_2 - x_1}$. Sea (x_1, y_1) A$(5, -5)$ y (x_2, y_2) $B(9, 7)$.
(Recuerda, puedes elegir cualquier punto para (x_1, y_1) y (x_2, y_2)).
Entonces: ***pendiente*** $= \frac{y_2 - y_1}{x_2 - x_1} = \frac{7-(-5)}{9-5} = \frac{12}{4} = 3$
La pendiente de la línea a través de estos dos puntos es 3.

Ejemplo 2. Encuentra la pendiente de la recta con la ecuación $\boldsymbol{y = -2x + 8}$

Solución: Cuando la ecuación de una recta se escribe en forma de $y = mx + b$, la pendiente es m. En esta línea: $y = -2x + 8$, la pendiente es -2.

Graficar líneas mediante el formulario de pendiente-intersección

☆ Forma pendiente-intersección de una línea: dada la pendiente m y la intersección y (la intersección de la línea y el eje y) b, entonces la ecuación de la recta es:

$$y = mx + b$$

☆ Para dibujar el gráfico de una ecuación lineal en forma de pendiente-intersección en el plano de coordenadas xy, encuentre dos puntos en la línea conectando dos valores para x y calculando los valores de y.

☆ También puedes usar la pendiente (m) y un punto para graficar la línea.

Ejemplo:

Esbozar el gráfico de $\boldsymbol{y} = -\mathbf{3}x + \mathbf{6}$.

Solución: Para graficar esta línea, necesitamos encontrar dos puntos. Cuando x es cero el valor de y es 6. Y cuando y es 0 el valor de x es 2.

$$x = 0 \rightarrow y = -3(0) + 6 = 6$$

$$y = 0 \rightarrow 0 = -3x + 6 \rightarrow x = 2$$

Ahora, tenemos dos puntos:
$(0, 6)$ y $(2, 0)$.
Encuentra los puntos en el plano de coordenadas y grafica la línea. Recuerde que la pendiente de la línea es -3.

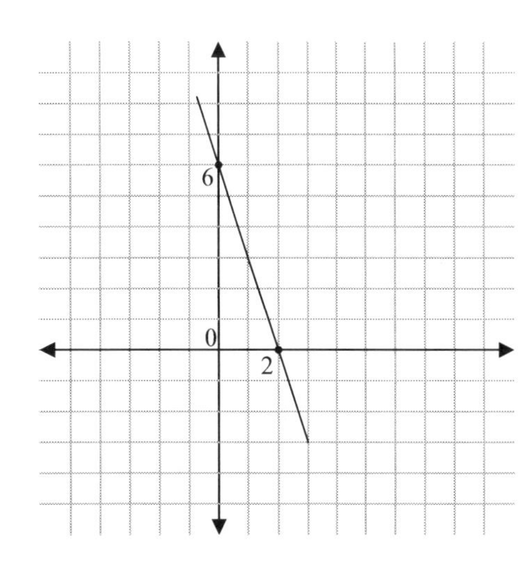

Escribiendo Ecuaciones Lineales

☆ La ecuación de una recta en forma de pendiente-intersección: $y = mx + \text{b}$

☆ Para escribir la ecuación de una recta, primero identifica la pendiente.

☆ Encuentra la intersección y. Esto se puede hacer sustituyendo la pendiente y las coordenadas de un punto (x, y) en la línea .

Ejemplos:

Ejemplo 1. ¿Cuál es la ecuación de la recta que pasa a través (-7, 2) y tiene una pendiente de 4?

Solución: La forma general de pendiente-intersección de la ecuación de una recta es $y = mx + b$, donde m es la pendiente y b es la intersección y.
Por sustitución del punto dado y la pendiente dada:
$y = mx + b \rightarrow 2 = (4)(-7) + b$. So, $b = 2 + 28 = 30$, y la ecuación requerida de la recta es: $y = 4x + 30$

Ejemplo 2. Escribe la ecuación de la recta a través de dos puntos $A(5, 2)$ y $B(3, -4)$.

Solución: Primero, encuentra la pendiente: $Pendiente = \frac{y_2 - y_1}{x_2 - x_1} = \frac{-4-2}{3-5} = \frac{-6}{-2} = 3 \rightarrow m = 3$
Para encontrar el valor de b, Utilice cualquiera de los puntos y conecte los valores de x y y en la ecuación. La respuesta será la misma: $y = x + b$. Revisemos ambos puntos. Entonces: $(5, 2) \rightarrow y = mx + b \rightarrow 2 = 3(5) + b \rightarrow b = -13$
$(3, -4) \rightarrow y = mx + b \rightarrow -4 = 3(3) + b \rightarrow b = -13$.
La intersección y de la línea es -13. La ecuación de la recta es: $y = 3x - 13$

Ejemplo 3. ¿Cuál es la ecuación de la recta que pasa a través de $(3, -4)$ y tiene una pendiente de 2?

Solución: La forma general de pendiente-intersección de la ecuación de una recta es $y = mx + b$, donde m es la pendiente y b es la intersección y. Por sustitución del punto dado y la pendiente dada: $y = mx + b \rightarrow -4 = (2)(3) + b$
Así que, $b = -4 - 6 = -10$, y la ecuación de la recta es: $y = 2x - 10$.

Encontrando el Punto Medio

☆ El medio de un segmento de línea es su punto medio.

☆ El punto medio de dos extremos A (x_1, y_1) y B (x_2, y_2) se puede encontrar usando esta fórmula: $M = \left(\frac{x_1+x_2}{2}, \frac{y_1+y_2}{2}\right)$

Ejemplos:

Ejemplo 1. Encontrar el punto medio del segmento de línea con los puntos finales dados. $(3, 5), (1, 3)$

Solución: Punto Medio $= \left(\frac{x_1+x_2}{2}, \frac{y_1+y_2}{2}\right) \rightarrow (x_1, y_1) = (3, 5)$ y $(x_2, y_2) = (1, 3)$
Punto Medio $= \left(\frac{3+1}{2}, \frac{5+3}{2}\right) \rightarrow \left(\frac{4}{2}, \frac{8}{2}\right) \rightarrow M(2, 4)$

Ejemplo 2. Encontrar el punto medio del segmento de línea con los puntos finales dados. $(-1, 3), (9, -9)$

Solución: Punto Medio $= \left(\frac{x_1+x_2}{2}, \frac{y_1+y_2}{2}\right) \rightarrow (x_1, y_1) = (-1, 3)$ y $(x_2, y_2) = (9, -9)$
Punto Medio $= \left(\frac{-1+9}{2}, \frac{3+(-9)}{2}\right) \rightarrow \left(\frac{8}{2}, \frac{-6}{2}\right) \rightarrow M(4, -3)$

Ejemplo 3. Encontrar el punto medio del segmento de línea con los puntos finales dados. $(8, 4), (-2, 6)$

Solución: Punto Medio $= \left(\frac{x_1+x_2}{2}, \frac{y_1+y_2}{2}\right) \rightarrow (x_1, y_1) = (8, 4)$ y $(x_2, y_2) = (-2, 6)$
Punto Medio $= \left(\frac{8-2}{2}, \frac{4+6}{2}\right) \rightarrow \left(\frac{6}{2}, \frac{10}{2}\right) \rightarrow M(3, 5)$

Ejemplo 4. Encontrar el punto medio del segmento de línea con los puntos finales dados. $(7, -4), (-3, -8)$

Solución: Punto Medio $= \left(\frac{x_1+x_2}{2}, \frac{y_1+y_2}{2}\right) \rightarrow (x_1, y_1) = (7, -4)$ y $(x_2, y_2) = (-3, -8)$
Punto Medio $= \left(\frac{7-3}{2}, \frac{-4-8}{2}\right) \rightarrow \left(\frac{4}{2}, \frac{-12}{2}\right) \rightarrow M(2, -6)$

Encontrando la Distancia de Dos Puntos

☆ Utilice la siguiente fórmula para encontrar la distancia de dos puntos con las coordenadas A (x_1, y_1) y B (x_2, y_2):

$$d = \sqrt{(x_2 - x_1)^2 + (y_2 - y_1)^2}$$

Ejemplos:

Ejemplo 1. Encuentra la distancia entre $(\mathbf{5}, -\mathbf{6})$ y $(-\mathbf{3}, \mathbf{9})$ en el plano de coordenadas.

Solución: Fórmula de uso de distancia de dos puntos: $d = \sqrt{(x_2 - x_1)^2 + (y_2 - y_1)^2}$

$(x_1, y_1) = (\mathbf{5}, -\mathbf{6})$ y $(x_2, y_2) = (-\mathbf{3}, \mathbf{9})$. Entonces: $d = \sqrt{(x_2 - x_1)^2 + (y_2 - y_1)^2} =$

$\sqrt{(-3-5)^2 + (9-(-6))^2} = \sqrt{(-8)^2 + (15)^2} = \sqrt{64 + 225} = \sqrt{289} = 17.$

Entonces: $d = 17$

Ejemplo 2. Encuentra la distancia de dos puntos $(-\mathbf{3}, \mathbf{10})$ y $(-\mathbf{9}, \mathbf{2})$

Solución: Fórmula de uso de distancia de dos puntos: $d = \sqrt{(x_2 - x_1)^2 + (y_2 - y_1)^2}$

$(x_1, y_1) = (-3, 10)$ y $(x_2, y_2) = (-9, 2)$

Entonces: $d = \sqrt{(x_2 - x_1)^2 + (y_2 - y_1)^2} \rightarrow d = \sqrt{(-9-(-3))^2 + (2-10)^2} =$

$\sqrt{(-6)^2 + (-8)^2} = \sqrt{36 + 64} = \sqrt{100} = 10$. Entonces: $d = 10$

Ejemplo 3. Encuentra la distancia entre $(-8, \mathbf{7})$ y $(4, -\mathbf{9})$.

Solución: Fórmula de uso de distancia de dos puntos: $d = \sqrt{(x_2 - x_1)^2 + (y_2 - y_1)^2}$

$(x_1, y_1) = (-\mathbf{8}, \mathbf{7})$ y $(x_2, y_2) = (4, -9)$. Entonces: $d = \sqrt{(x_2 - x_1)^2 + (y_2 - y_1)^2}$

$d = \sqrt{\left(4-(-8)\right)^2 + (-9-7)^2} = \sqrt{(12)^2 + (-16)^2} = \sqrt{144 + 256} = \sqrt{400} = 20.$

Entonces: $d = 20$

Graficando Desigualdades Lineales

☆ Para graficar una desigualdad lineal, primero dibuje un gráfico de la línea "igual".

☆ Use una línea de guión por menos de (<) y mayor que (>) signos y una línea continua para menor que e igual a (≤) y mayor que e igual a (≥).

☆ Elija un punto de prueba. (puede ser cualquier punto a ambos lados de la línea.)

☆ Poner el valor de (x, y) de ese punto en la desigualdad. Si eso funciona, esa parte de la línea es la solución. Si los valores no funcionan, entonces la otra parte de la línea es la solución .

Ejemplo:

Esbozar el gráfico de desigualdad: $\boldsymbol{y} > 2x - \mathbf{5}$

Solución: Para dibujar el gráfico de $\boldsymbol{y} > 2x - \mathbf{5}$, primero necesitas graficar la línea:
$\boldsymbol{y} = 2x - \mathbf{5}$
Como hay un signo mayor que (>), dibuja una línea de guión .
La pendiente es 2 y la intersección y es $-\mathbf{5}$.
Entonces, Elija un punto de prueba y sustituya el valor de x e y desde ese punto en la desigualdad. El punto más fácil de probar es el origen: $(0, 0)$

$$(0,0) \rightarrow \boldsymbol{y} > \mathbf{2x - 5} \rightarrow \mathbf{0} > \mathbf{2(0) - 5} \rightarrow \mathbf{0} > \mathbf{-5}$$

¡Esto es correcto! 0 es mayor que -5. Entonces, esta parte de la línea (en el lado izquierdo) es la solución de esta desigualdad.

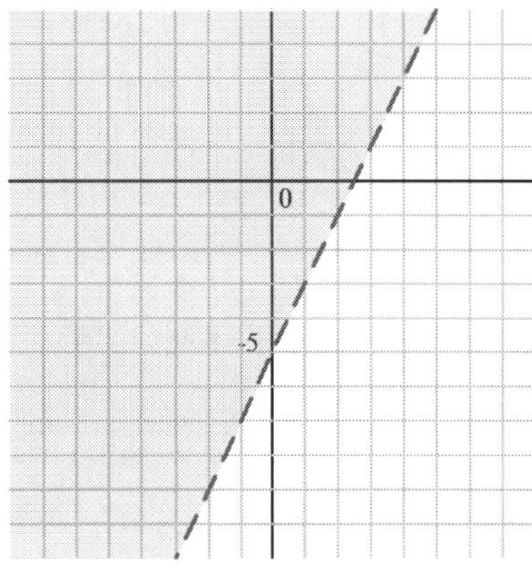

Día 7: Práctica

Encuentra la pendiente de cada línea.

1) $y = x - 3$
2) $y = 3x + 4$
3) $y = -2x + 4$
4) Línea a través de $(2, 5)$ y $(3, -4)$
5) Línea a través de $(0, 6)$ y $(2, 4)$
6) Línea a través de $(-2, 4)$ y $(3, -6)$

Esboza el gráfico de cada línea. (Uso de la forma de pendiente-intersección)

7) $y = x + 3$

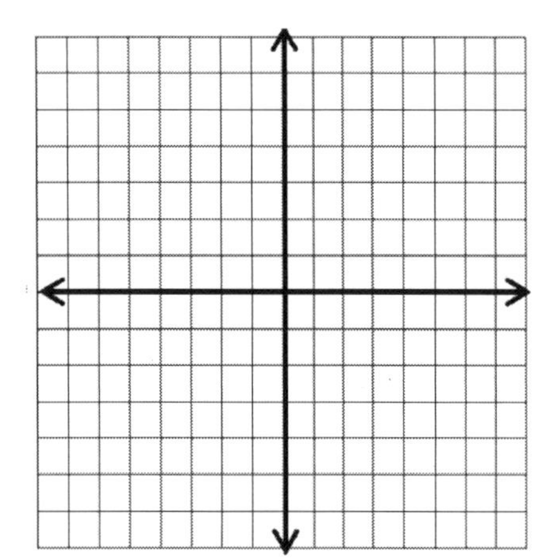

8) $y = x - 3$

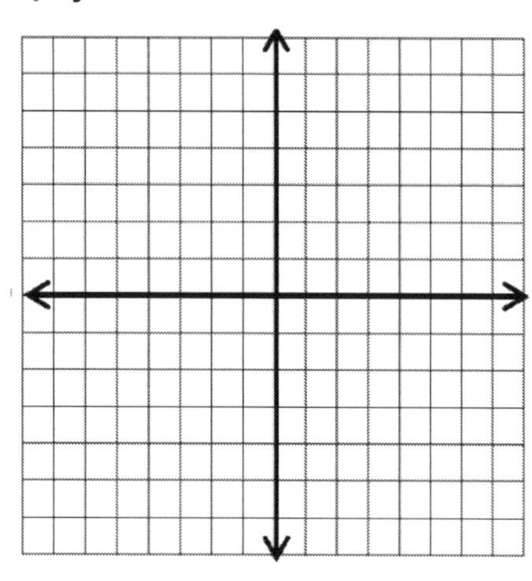

Resuelve.

9) ¿Cuál es la ecuación de una recta con pendiente 3 e intersección 12?

____

10) ¿Cuál es la ecuación de una recta con pendiente 4 y pasa por el punto? $(2, 4)$? ________________

11) ¿Cuál es la ecuación de una recta con pendiente -2 y pasa por el punto $(5, -3)$?

____

12) La pendiente de una línea es -5 y pasa por el punto(-4,3). ¿Cuál es la ecuación de la recta? ________________

13) La pendiente de una línea es -6 y pasa por el punto(-2,-3). ¿Cuál es la ecuación de la recta? ___________

Esbozar el gráfico de cada desigualdad lineal.

14) $y > 3x - 3$

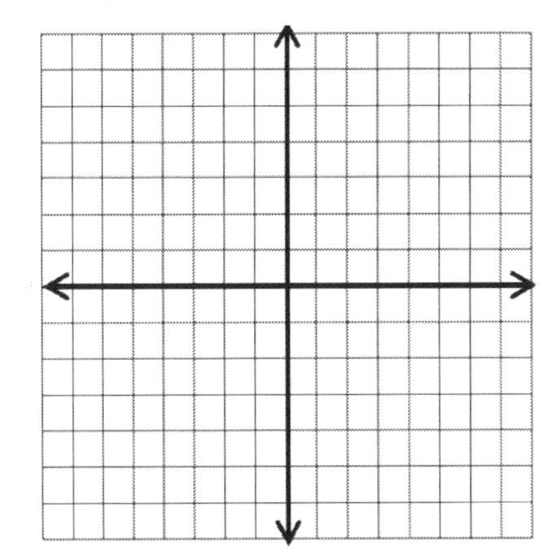

15) $y > -2x + 1$

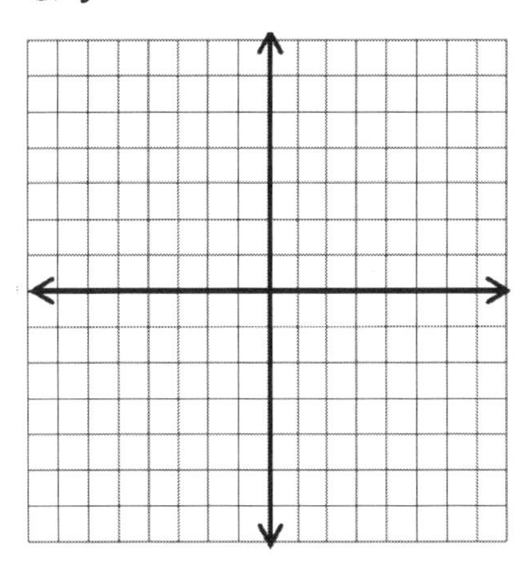

Encontrar el punto medio del segmento de línea con los puntos finales dados.

16) $(4,1), (2,3)$
17) $(3,6), (5,4)$
18) $(7,1), (1,3)$
19) $(2,8), (2,10)$
20) $(3,-2), (-1,6)$
21) $(-1,-3), (1,5)$
22) $(1,4), (-7,6)$
23) $(-3,5), (7,-9)$

Encuentra la distancia entre cada par de puntos.

24) $(-8,\ -1), (-4,2)$
25) $(-15,2), (5,-13)$
26) $(-1,11), (-7,3)$
27) $(0,11), (9,11)$
28) $(-2,4), (3,-8)$
29) $(6,-7), (-9,1)$
30) $(8,-4), (-4,-20)$
31) $(5,1),\ (9,-2)$
32) $(-8,-17), (2,7)$
33) $(18,\ 21), (-12,5)$

Día 7: Respuestas

1) $y = mx + b$, la pendiente es m. En esta recta: $y = x - 3$, la pendiente es $m = 1$.
2) $y = 3x + 4$, la pendiente es $m = 3$.
3) $y = -2x + 4$, la pendiente es $m = -2$.
4) $(x_1, y_1) = (2, 5)$ y $(x_2, y_2) = (3, 4) \rightarrow m = \frac{y_2 - y_1}{x_2 - x_1} = \frac{4-5}{3-2} = \frac{-1}{1} = -1$
5) $(x_1, y_1) = (0, 6)$ y $(x_2, y_2) = (2, -4) \rightarrow m = \frac{y_2 - y_1}{x_2 - x_1} = \frac{-4-6}{2-0} = \frac{-10}{2} = -5$
6) $(x_1, y_1) = (-2, 4)$ y $(x_2, y_2) = (3, -6) \rightarrow m = \frac{y_2 - y_1}{x_2 - x_1} = \frac{-6-4}{3-(-2)} = \frac{-6-4}{3+2} = \frac{-10}{5} = -2$

7) $y = x + 3$

$x = 0 \rightarrow y = 0 + 3 = 3 \rightarrow (0,3)$
$y = 0 \rightarrow 0 = x + 3 \rightarrow x = -3 \rightarrow (-3,0)$
$x = 1 \rightarrow y = 1 + 3 = 4 \rightarrow (1,4)$
$y = 1 \rightarrow 1 = x + 3 \rightarrow x = 1 - 3 = -2 \rightarrow (-2,1)$

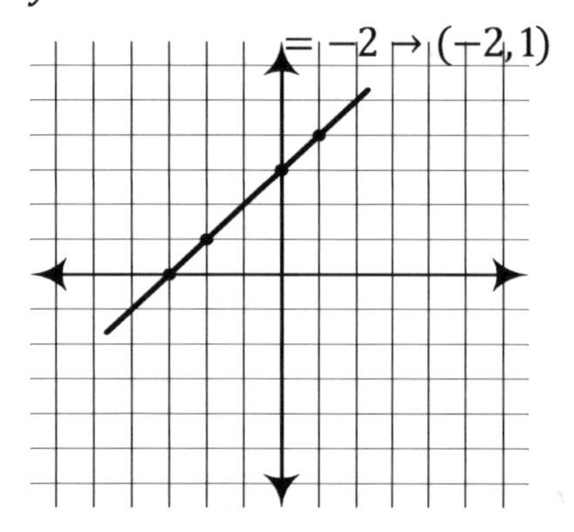

8) $y = x - 3$

$x = 0 \rightarrow y = 0 - 3 = -3 \rightarrow (0,-3)$
$y = 0 \rightarrow 0 = x - 3 \rightarrow x = 3 \rightarrow (3,0)$
$x = 1 \rightarrow y = 1 - 3 = -2 \rightarrow (1,-2)$
$y = 1 \rightarrow 1 = x - 3 \rightarrow x = 1 + 3 = 4 \rightarrow (4,1)$

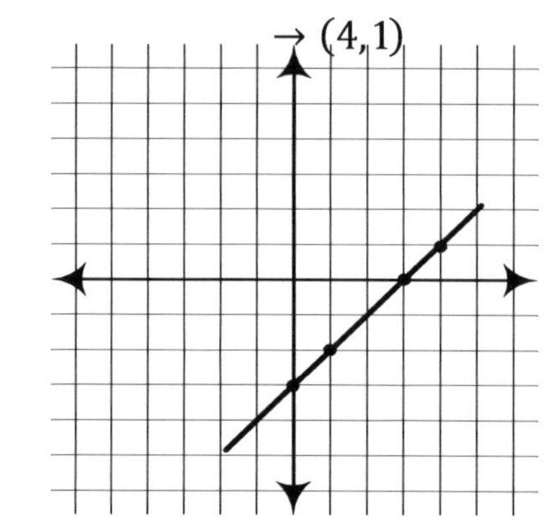

9) La forma general de pendiente-intersección de la ecuación de una recta es $y = mx + b$, donde m es la pendiente y b es la intersección y $\rightarrow y = 3x + 12$
10) $y = mx + b \rightarrow 4 = 4(2) + b \rightarrow 4 = 8 + b \rightarrow b = 4 - 8 = -4 \rightarrow y = 4x - 4$
11) $y = mx + b \rightarrow -3 = -2(5) + b \rightarrow -3 = -10 + b \rightarrow b = -3 + 10 = 7 \rightarrow y = -2x + 7$
12) $y = mx + b \rightarrow 3 = -5(-4) + b \rightarrow 3 = 20 + b \rightarrow b = 3 - 20 = -17 \rightarrow y = -5x - 17$
13) $y = mx + b \rightarrow -3 = -6(-2) + b \rightarrow -3 = 12 + b \rightarrow b = -3 - 12 = -15 \rightarrow y = -6x - 15$

14) $y > 3x - 3$

$x = 0 \rightarrow y = 0 - 3 = -3 \rightarrow (0, -3)$

$y = 0 \rightarrow 0 = 3x - 3 \rightarrow 3x = 3 \rightarrow x = 1 \rightarrow (1, 0)$

El punto más fácil de probar es el origen: $(0, 0)$

$(0,0) \rightarrow y > 3x - 3 \rightarrow 0 > 3(0) - 3 \rightarrow 0 > -3$

¡Esto es correcto! 0 es mayor que -3. Entonces, esta parte de la línea (en el lado izquierdo) es la solución de esta desigualdad.

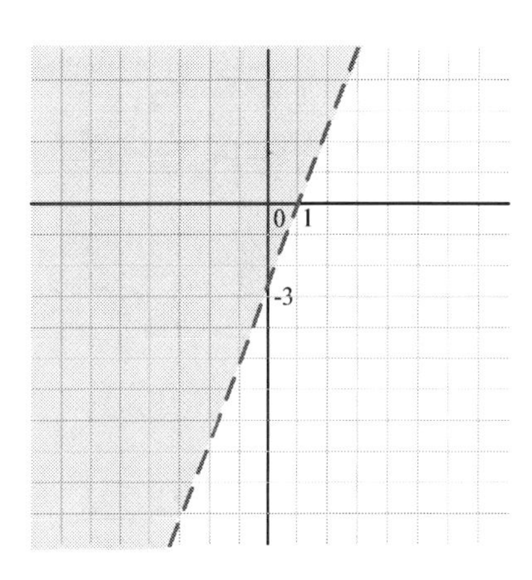

15) $y > -2x + 1$

$x = 0 \rightarrow y = 0 + 1 = 1 \rightarrow (0, 1)$

$y = 0 \rightarrow 0 = -2x + 1 \rightarrow -2x = -1 \rightarrow x = \frac{-1}{-2}$

$= 0.5 \rightarrow (0.5, 0)$

El punto más fácil de probar es el origen: $(0, 0)$

$(0,0) \rightarrow y > -2x + 1 \rightarrow 0 > -2(0) + 1 \rightarrow 0 > 1$

¡Esto es incorrecto! 0 es menor que 1. Entonces, esta parte de la línea (en el lado derecho) es la solución de esta desigualdad.

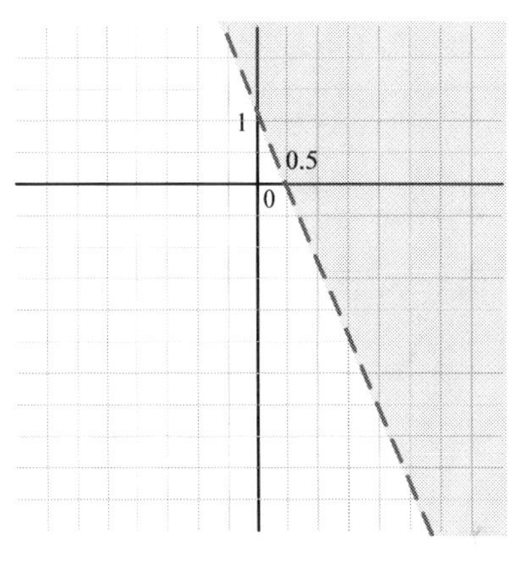

16) $M = \left(\frac{x_1+x_2}{2}, \frac{y_1+y_2}{2}\right) \rightarrow (x_1, y_1) = (4, 1)$ y $(x_2, y_2) = (2, 3) \rightarrow M = \left(\frac{4+2}{2}, \frac{1+3}{2}\right) \rightarrow \left(\frac{6}{2}, \frac{4}{2}\right) \rightarrow M(3, 2)$

17) $(x_1, y_1) = (3, 6)$ y $(x_2, y_2) = (5, 4) \rightarrow M = \left(\frac{3+5}{2}, \frac{6+4}{2}\right) \rightarrow \left(\frac{8}{2}, \frac{10}{2}\right) \rightarrow M(4, 5)$

18) $(x_1, y_1) = (7, 1)$ y $(x_2, y_2) = (1, 3) \rightarrow M = \left(\frac{7+1}{2}, \frac{1+3}{2}\right) \rightarrow \left(\frac{8}{2}, \frac{4}{2}\right) \rightarrow M(4, 2)$

19) $(x_1, y_1) = (2, 8)$ y $(x_2, y_2) = (2, 10) \rightarrow M = \left(\frac{2+2}{2}, \frac{8+10}{2}\right) \rightarrow \left(\frac{4}{2}, \frac{18}{2}\right) \rightarrow M(2, 9)$

20) $(x_1, y_1) = (3, -2)$ y $(x_2, y_2) = (-1, 6) \rightarrow M = \left(\frac{3-1}{2}, \frac{-2+6}{2}\right) \rightarrow \left(\frac{2}{2}, \frac{4}{2}\right) \rightarrow M(1, 2)$

21) $(x_1, y_1) = (-1, -3)$ y $(x_2, y_2) = (1, 5) \rightarrow M = \left(\frac{-1+1}{2}, \frac{-3+5}{2}\right) \rightarrow \left(\frac{0}{2}, \frac{2}{2}\right) \rightarrow M(0, 1)$

22) $(x_1, y_1) = (1, 4)$ y $(x_2, y_2) = (-7, 6) \rightarrow M = \left(\frac{1-7}{2}, \frac{4+6}{2}\right) \rightarrow \left(\frac{-6}{2}, \frac{10}{2}\right) \rightarrow M(-3, 5)$

23) $(x_1, y_1) = (-3, 5)$ y $(x_2, y_2) = (7, -9) \rightarrow M = \left(\frac{-3+7}{2}, \frac{5-9}{2}\right) \rightarrow \left(\frac{4}{2}, \frac{-4}{2}\right) \rightarrow M(2, -2)$

24) $(x_1, y_1) = (-8, -1)$ y $(x_2, y_2) = (-4, 2) \rightarrow d = \sqrt{(x_2 - x_1)^2 + (y_2 - y_1)^2} = \sqrt{(-4 - (-8))^2 + (2 - (-1))^2} = \sqrt{(4)^2 + (3)^2} = \sqrt{16 + 9} = \sqrt{25} = 5$

25) $(x_1, y_1) = (-15, 2)$ y $(x_2, y_2) = (5, -13) \rightarrow d = \sqrt{(x_2 - x_1)^2 + (y_2 - y_1)^2} = \sqrt{(5 - (-15))^2 + (-13 - 2)^2} = \sqrt{(20)^2 + (-15)^2} = \sqrt{400 + 225} = \sqrt{625} = 25$

26) $(x_1, y_1) = (-1, 11)$ y $(x_2, y_2) = (-7,3) \rightarrow d = \sqrt{(x_2 - x_1)^2 + (y_2 - y_1)^2} = \sqrt{(-7 - (-1))^2 + (3 - 11)^2} = \sqrt{(-6)^2 + (-8)^2} = \sqrt{36 + 64} = \sqrt{100} = 10$

27) $(x_1, y_1) = (0,11)$ y $(x_2, y_2) = (9, 11) \rightarrow d = \sqrt{(x_2 - x_1)^2 + (y_2 - y_1)^2} = \sqrt{(9 - 0)^2 + (11 - 11)^2} = \sqrt{(9)^2 + (0)^2} = \sqrt{81} = 9$

28) $(x_1, y_1) = (-2, 4)$ y $(x_2, y_2) = (3, -8) \rightarrow d = \sqrt{(x_2 - x_1)^2 + (y_2 - y_1)^2} = \sqrt{(3 - (-2))^2 + (-8 - 4)^2} = \sqrt{(5)^2 + (-12)^2} = \sqrt{25 + 144} = \sqrt{169} = 13$

29) $(x_1, y_1) = (6, -7)$ y $(x_2, y_2) = (-9,1) \rightarrow d = \sqrt{(x_2 - x_1)^2 + (y_2 - y_1)^2} = \sqrt{(-9 - 6)^2 + \left(1 - (-7)\right)^2} = \sqrt{(-15)^2 + (8)^2} = \sqrt{225 + 64} = \sqrt{289} = 17$

30) $(x_1, y_1) = (8, -4)$ y $(x_2, y_2) = (-4, -20) \rightarrow d = \sqrt{(x_2 - x_1)^2 + (y_2 - y_1)^2} = \sqrt{(-4 - 8)^2 + (-20 - (-4))^2} = \sqrt{(-12)^2 + (-16)^2} = \sqrt{144 + 256} = \sqrt{400} = 20$

31) $(x_1, y_1) = (5, 1)$ y $(x_2, y_2) = (9, -2) \rightarrow d = \sqrt{(x_2 - x_1)^2 + (y_2 - y_1)^2} = \sqrt{(9 - 5)^2 + (-2 - 1)^2} = \sqrt{(4)^2 + (-3)^2} = \sqrt{16 + 9} = \sqrt{25} = 5$

32) $(x_1, y_1) = (-8, -17)$ y $(x_2, y_2) = (2, 7) \rightarrow d = \sqrt{(x_2 - x_1)^2 + (y_2 - y_1)^2} = \sqrt{(2 - (-8))^2 + (7 - (-17))^2} = \sqrt{(10)^2 + (-24)^2} = \sqrt{100 + 576} = \sqrt{676} = 26$

33) $(x_1, y_1) = (18,\ 21)$ y $(x_2, y_2) = (-12, 5) \rightarrow d = \sqrt{(x_2 - x_1)^2 + (y_2 - y_1)^2} = \sqrt{(-12 - 18)^2 + (5 - 21)^2} = \sqrt{(-30)^2 + (-16)^2} = \sqrt{900 + 256} = \sqrt{1{,}156} = 34$

Polinomios

Temas matemáticos que aprenderás en este capítulo:

1. Simplificación de Polinomios
2. Suma y Resta de Polinomios
3. Multiplicación de Monomios
4. Multiplicación y División de Monomios
5. Multiplicación de un Polinomio y un Monomio
6. Multiplicación de Binomios
7. Factorización de Trinomios

Simplificación de Polinomios

☆ Para simplificar polinomios, busca "términos similares". (Tienen las mismas variables con la misma potencia).

☆ Usa "FOIL". (*First–Out–In–Last*) "Último en Entrar, Primero en Salir" para binomios:

$$(x + a)(x + b) = x^2 + (b + a)x + ab$$

☆ Agregar o restar términos "similares" usando el orden de operación.

Ejemplos:

Ejemplo 1. Simplificar esta expresión. $2x(3x - 4) - 6x =$

Solución: Usar propiedad distributiva: $2x(3x - 4) = 6x^2 - 8x$

Ahora, combina términos similares: $2x(3x - 4) - 6x = 6x^2 - 8x - 6x = 6x^2 - 14x$

Ejemplo 2. Simplificar esta expresión. $(x + 5)(x + 7) =$

Solución: Primero, aplique el método FOIL: $(a + b)(c + d) = ac + ad + bc + bd$

$(x + 5)(x + 7) = x^2 + 5x + 7x + 35$

Ahora, combina términos similares: $x^2 + 5x + 7x + 35 = x^2 + 12x + 35$

Ejemplo 3. Simplificar esta expresión. $3x(-4x + 5) + 2x^2 - 5x =$

Solución: Usar propiedad distributiva: $3x(-4x + 5) = -12x^2 + 15x$

Entonces: $3x(-4x + 5) + 2x^2 - 5x = -12x^2 + 15x + 2x^2 - 5x$

Ahora, combina términos similares: $-12x^2 + 2x^2 = -10x^2$, y $15x - 5x = 10x$

La forma simplificada de la expresión: $-12x^2 + 15x + 2x^2 - 5x = -10x^2 + 10x$

Suma y Resta de Polinomios

☆ Agregar polinomios es solo una cuestión de combinar términos similares, con algunas consideraciones de orden de operaciones.

☆ Ten cuidado con los signos menos y no confundas la suma y la multiplicación!

☆ Para restar polinomios, a veces es necesario usar la propiedad distributiva: $a(b + c) = ab + ac$, $a(b - c) = ab - ac$

Ejemplos:

Ejemplo 1. Simplificar las expresiones. $(-5x^2 + 2x^3) - (-4x^3 + 2x^2) =$

Solución: Primero, usar propiedad distributiva:
$-(-4x^3 + 2x^2) = 4x^3 - 2x^2$
$\rightarrow (-5x^2 + 2x^3) - (-4x^3 + 2x^2) = -5x^2 + 2x^3 + 4x^3 - 2x^2$
Ahora, combina términos similares: $2x^3 + 4x^3 = 6x^3$ y $-5x^2 - 2x^2 = -7x^2$
Entonces: $(x^2 - 2x^3) - (x^3 - 3x^2) = 6x^3 - 7x^2$

Ejemplo 2. Suma expresiones. $(2x^3 + 8) + (-x^3 + 4x^2) =$

Solución: Quitar paréntesis:

$$(2x^3 + 8) + (-x^3 + 4x^2) = 2x^3 + 8 - x^3 + 4x^2$$

Ahora, combina términos similares: $2x^3 + 8 - x^3 + 4x^2 = x^3 + 4x^2 + 8$

Ejemplo 3. Simplificar las expresiones. $(x^2 + 7x^3) - (11x^2 - 4x^3) =$

Solución: Primero, use la propiedad distributiva: $-(11x^2 - 4x^3) = -11x^2 + 4x^3 \rightarrow$

$$(x^2 + 7x^3) - (11x^2 - 4x^3) = x^2 + 7x^3 - 11x^2 + 4x^3$$

Ahora, combina términos similares y escribe en forma estándar:
$x^2 + 7x^3 - 11x^2 + 4x^3 = 11x^3 - 10x^2$

Multiplicación de Monomios

☆ Un monomio es un polinomio con un solo término: Ejemplos: $2x$ o $7y^2$.

☆ Cuando multiplique monomios, primero multiplique los coeficientes (un número colocado antes y multiplicando la variable) y luego multiplique las variables usando propiedad de multiplicación de exponentes.

$$x^a \times x^b = x^{a+b}$$

Ejemplos:

Ejemplo 1. Multiplica expresiones. $3x^4y^5 \times 6x^2y^3$

Solución: Encuentra las mismas variables y usa propiedad de multiplicación de exponentes : $x^a \times x^b = x^{a+b}$
$x^4 \times x^2 = x^{4+2} = x^6$ y $y^5 \times y^3 = y^{5+3} = y^8$
Entonces, multiplique coeficientes y variables: $3x^4y^5 \times 6x^2y^3 = 18x^6y^8$

Ejemplo 2. Multiplica expresiones. $5a^5b^9 \times 3a^2b^8 =$

Solución: Utilice la propiedad de multiplicación de exponentes: $x^a \times x^b = x^{a+b}$
$a^5 \times a^2 = a^{5+2} = a^7$ y $b^9 \times b^8 = b^{9+8} = b^{17}$
Entonces: $5a^5b^9 \times 3a^2b^8 = 15a^7b^{17}$

Ejemplo 3. Multiplica. $6x^3y^2z^4 \times 2x^2y^8z^6$

Solución: Utilice la propiedad de multiplicación de exponentes: $x^a \times x^b = x^{a+b}$
$x^3 \times x^2 = x^{3+2} = x^5$, $y^2 \times y^8 = y^{2+8} = y^{10}$ y $z^4 \times z^6 = z^{4+6} = z^{10}$
Entonces: $6x^3y^2z^4 \times 2x^2y^8z^6 = 12x^5y^{10}z^{10}$

Ejemplo 4. Simplifica. $(2a^3b^6)(-5a^7b^{12}) =$

Solución: Utilice la propiedad de multiplicación de exponentes: $x^a \times x^b = x^{a+b}$
$a^3 \times a^7 = a^{3+7} = a^{10}$ y $b^6 \times b^{12} = b^{6+12} = b^{18}$
Entonces: $(2a^3b^6)(-5a^7b^{12}) = -10a^{10}b^{18}$

Multiplicación y División de Monomios

☆ Cuando divides o multiplicas dos monomios, necesitas dividir o multiplicar sus coeficientes y luego dividir o multiplicar sus variables.

☆ En caso de exponentes con la misma base, para División, reste sus poderes, para Multiplicación, suma sus poderes.

☆ Reglas de multiplicación y división del exponente:

$$x^a \times x^b = x^{a+b}, \qquad \frac{x^a}{x^b} = x^{a-b}$$

Ejemplos:

Ejemplo 1. Multiplica expresiones. $(5x^4)(3x^9) =$

Solución: Use la propiedad de multiplicación de exponentes:
$x^a \times x^b = x^{a+b} \rightarrow x^4 \times x^9 = x^{13}$
Entonces: $(5x^4)(3x^9) = 15x^{13}$

Ejemplo 2. Divide expresiones. $\frac{18x^3y^6}{9x^2y^4} =$

Solución: Use la propiedad de división de exponentes:
$\frac{x^a}{x^b} = x^{a-b} \rightarrow \frac{x^3}{x^2} = x^{3-2} = x^1$ y $\frac{y^6}{y^4} = y^{6-4} = y^2$
Entonces: $\frac{18x^3y^6}{9x^2y^4} = 2xy^2$

Ejemplo 3. Divide expresiones. $\frac{51a^4b^{11}}{3a^2b^5}$

Solución: Use la propiedad de división de exponentes:
$\frac{x^a}{x^b} = x^{a-b} \rightarrow \frac{a^4}{a^2} = a^{4-2} = a^2$ y $\frac{b^{11}}{b^5} = b^{11-5} = b^6$
Entonces. $\frac{51a^4b^{11}}{3a^2b^5} = 17a^2b^6$

Multiplicación de un Polinomio y un Monomio

☆ Cuando Multiplicación de Monomios, use la regla de producto para exponentes.

$$x^a \times x^b = x^{a+b}$$

☆ Al multiplicar un monomio por un polinomio, use la propiedad distributive.

$$a \times (b + c) = a \times b + a \times c = ab + ac$$
$$a \times (b - c) = a \times b - a \times c = ab - ac$$

Ejemplos:

Ejemplo 1. Multiplica expresiones. $5x(4x + 7)$

Solución: Usar la propiedad distributiva:

$5x(4x + 7) = (5x \times 4x) + (5x \times 7) = 20x^2 + 35x$

Ejemplo 2. Multiplica expresiones. $y(2x^2 + 3y^2)$

Solución: Usar la propiedad distributiva:

$y(2x^2 + 3y^2) = y \times 2x^2 + y \times 3y^2 = 2x^2y + 3y^3$

Ejemplo 3. Multiplica. $-\mathbf{2}x(-x^2 + 3x + 6)$

Solución: Usar la propiedad distributiva:

$-2x(-x^2 + 3x + 6) = (-2x)(-x^2) + (-2x) \times (3x) + (-2x) \times (6) =$

Ahora simplifica:

$(-2x)(-x^2) + (-2x) \times (3x) + (-2x) \times (6) = 2x^3 - 6x^2 - 12x$

Multiplicación de Binomios

☆ Un binomio es un polinomio que es la suma o la diferencia de dos términos, cada uno de los cuales es un monomio.

☆ Para multiplicar dos binomios, utilice el método "FOIL". $(x + a)(x + b) = x \times x + x \times b + a \times x + a \times b = x^2 + bx + ax + ab$

Ejemplos:

Ejemplo 1. Multiplicar binomios. $(x - 5)(x + 4) =$

Solución: Usa "FOIL". (First–Out–In–Last):

$(x - 5)(x + 4) = x^2 - 5x + 4x - 20$

Entonces combine términos similares: $x^2 - 5x + 4x - 20 \ = x^2 - x - 20$

Ejemplo 2. Multiplica. $(x + 3)(x + 6) =$

Solución: Usa "FOIL". (First–Out–In–Last):

$(x + 3)(x + 6) = x^2 + 3x + 6x + 18$

Entonces simplifica: $x^2 + 3x + 6x + 18 = x^2 + 9x + 18$

Ejemplo 3. Multiplica. $(x - 8)(x + 4) =$

Solución: Usa "FOIL". (First–Out–In–Last):

$(x - 8)(x + 4) = x^2 - 8x + 4x - 32$

Entonces simplifica: $x^2 - 8x + 4x - 32 = x^2 - 4x - 32$

Ejemplo 4. Multiplica Binomios. $(x - 6)(x - 3) =$

Solución: Usa "FOIL". (First–Out–In–Last):

$(x - 6)(x - 3) = x^2 - 6x - 3x + 18$

Entonces combine términos similares: $x^2 - 6x - 3x + 18 \ = x^2 - 9x + 18$

Factorización de Trinomios

Para factorizar trinomios, puede usar los siguientes métodos:

☆ "FOIL": $(x + a)(x + b) = x^2 + (b + a)x + ab$

☆ "Diferencia de cuadrados":

$$a^2 - b^2 = (a + b)(a - b)$$
$$a^2 + 2ab + b^2 = (a + b)(a + b)$$
$$a^2 - 2ab + b^2 = (a - b)(a - b)$$

☆ "FOIL inverso": $x^2 + (b + a)x + ab = (x + a)(x + b)$

Ejemplos:

Ejemplo 1. Factor este trinomio. $x^2 - 3x - 18$

Solución: Divide la expresión en grupos. Debe encontrar dos números que su producto sea -18 y su suma sea -3. (recuerde "FOIL inverso": $x^2 + (b + a)x + ab = (x + a)(x + b)$). Esos dos números son 3 y -6. Entonces:

$$x^2 - 3x - 18 = (x^2 + 3x) + (-6x - 18)$$

Ahora factoriza x de $x^2 + 3x : x(x + 3)$, y factoriza -6 de $-6x - 18$: $-6(x + 3)$; Entonces: $(x^2 + 3x) + (-6x - 18) = x(x + 3) - 6(x + 3)$
Ahora factorizar como término: $(x + 3)$. Entonces: $(x + 3)(x - 6)$

Ejemplo 2. Factoriza este trinomio. $\mathbf{2}x^2 - 4x - \mathbf{48}$

Solución: Dividir la expresión en grupos: $(2x^2 + 8x) + (-12x - 48)$
Ahora factoriza $2x$ de $2x^2 + 8x : 2x(x + 4)$, y factoriza -12 de $-12x - 48$: $-12(x + 4)$; entonces: $2x(x + 4) - 12(x + 4)$, ahora factoriza como término:
$(x + 4) \rightarrow 2x(x + 4) - 12(x + 4) = (x + 4)(2x - 12)$

Día 8: Práctica

Simplifica cada polinomio.

1) $4(3x+2)=$

2) $7(6x-3)=$

3) $x(4x+5)+6x=$

4) $2x(x-4)+8x=$

5) $3(5x+3)-9x=$

6) $x(6x-5)-4x^2+11=$

7) $-x^2+7+3x(x+2)=$

8) $6x^2-7+3x(5x-7)=$

Suma o resta polinomios.

9) $(x^2+5)+(3x^2-2)=$

10) $(4x^2-5x)-(x^2+7x)=$

11) $(6x^3-2x^2)+(3x^3-7x^2)=$

12) $(6x^3-7x)-(9x^3-3x)=$

13) $(9x^3+5x^2)+(12x^2-7)=$

14) $(5x^3-8)-(2x^3-6x^2)=$

15) $(10x^3+4x)-(7x^3-5x)=$

16) $(12x^3-7x)-(3x^3+9x)=$

Encuentra los productos. (Multiplicación de Monomios)

17) $5x^3\times 6x^5=$

18) $3x^4\times 4x^3=$

19) $-7a^3b\times 3a^2b^5=$

20) $-5x^2y^3z\times 6x^6y^4z^5=$

21) $-2a^3bc\times(-4a^8b^7)=$

22) $9u^6t^5\times(-2u^2t)=$

23) $14x^2z\times 2x^6y^8z=$

24) $-12x^7y^6z\times 3xy^8=$

25) $-9a^2b^3c\times 3a^7b^6=$

26) $-11x^9y^7\times(-6x^4y^3)=$

Simplifica cada expresión. (Multiplicación y División de Monomios)

27) $(4x^3y^4)(2x^4y^3) =$
28) $(7x^2y^5)(3x^3y^6) =$
29) $(5x^9y^6)(8x^6y^9) =$
30) $(13a^4b^7)(2a^6b^9) =$
31) $\frac{54x^6y^3}{9x^4y} =$
32) $\frac{28x^5y^7}{4x^3y^4} =$
33) $\frac{32x^{17}y^{12}}{8x^{13}y^9} =$
34) $\frac{40x^7y^{19}}{5x^2y^{14}} =$

Encuentra cada producto. (Multiplicación de un Polinomio y un Monomio)

35) $6(4x - 2y) =$
36) $4x(5x + y) =$
37) $8x(x - 2y) =$
38) $x(3x^2 + 4x - 6) =$
39) $4x(2x^2 + 7x + 4) =$
40) $8x(3x^2 - 7x - 3) =$

Encuentra cada producto. (Multiplicación de Binomios)

41) $(x - 4)(x + 5) =$
42) $(x - 3)(x + 3) =$
43) $(x + 8)(x + 7) =$
44) $(x - 5)(x + 9) =$
45) $(2x + 4)(x - 6) =$
46) $(2x - 11)(x + 6) =$

Factoriza cada trinomio.

47) $x^2 + 2x - 15 =$
48) $x^2 - x - 42 =$
49) $x^2 - 14x + 49 =$
50) $x^2 - 7x - 60 =$
51) $2x^2 + 6x - 20 =$
52) $3x^2 + 13x - 10 =$

Día 8: Respuestas

1) $4(3x+2) = (4 \times 3x) + (4 \times 2) = 12x + 8$

2) $7(6x-3) = (7 \times 6x) - (7 \times 3) = 42x - 21$

3) $x(4x+5) + 6x = (x \times 4x) + (x \times 5) + 6x = 4x^2 + 5x + 6x = 4x^2 + 11x$

4) $2x(x-4) + 8x = (2x \times x) + \big(2x \times (-4)\big) + 8x = 2x^2 - 8x + 8x = 2x^2$

5) $3(5x+3) - 9x = (3 \times 5x) + (3 \times 3) - 9x = 15x - 9x + 9 = 6x + 9$

6) $x(6x-5) - 4x^2 + 11 = (x \times 6x) + \big(x \times (-5)\big) - 4x^2 + 11 =$

$6x^2 - 4x^2 - 5x + 11 = 2x^2 - 5x + 11$

7) $-x^2 + 7 + 3x(x+2) = -x^2 + 7 + (3x \times x) + (3x \times 2) = -x^2 + 7 + 3x^2 + 6x =$

$2x^2 + 6x + 7$

8) $6x^2 - 7 + 3x(5x-7) = 6x^2 - 7 + (3x \times 5x) + \big(3x \times (-7)\big) =$

$6x^2 - 7 + 15x^2 - 21x = 21x^2 - 21x - 7$

9) $(x^2+5) + (3x^2-2) = x^2 + 3x^2 + 5 - 2 = 4x^2 + 3$

10) $(4x^2 - 5x) - (x^2 + 7x) = 4x^2 - x^2 - 5x - 7x = 3x^2 - 12x$

11) $(6x^3 - 2x^2) + (3x^3 - 7x^2) = 6x^3 + 3x^3 - 2x^2 - 7x^2 = 9x^3 - 9x^2$

12) $(6x^3 - 7x) - (9x^3 - 3x) = 6x^3 - 9x^3 - 7x + 3x = -3x^3 - 4x$

13) $(9x^3 + 5x^2) + (12x^2 - 7) = 9x^3 + 5x^2 + 12x^2 - 7 = 9x^3 + 17x^2 - 7$

14) $(5x^3 - 8) - (2x^3 - 6x^2) = 5x^3 - 2x^3 + 6x^2 - 8 = 3x^3 + 6x^2 - 8$

15) $(10x^3 + 4x) - (7x^3 - 5x) = 10x^3 - 7x^3 + 4x + 5x = 3x^3 + 9x$

16) $(12x^3 - 7x) - (3x^3 + 9x) = 12x^3 - 3x^3 - 7x - 9x = 9x^3 - 16x$

17) $5x^3 \times 6x^5 \rightarrow 5 \times 6 = 30,\ x^3 \times x^5 = x^{3+5} = x^8 \rightarrow 5x^3 \times 6x^5 = 30x^8$

18) $3x^4 \times 4x^3 \rightarrow 3 \times 4 = 12,\ x^4 \times x^3 = x^{4+3} = x^7 \rightarrow 3x^4 \times 4x^3 = 12x^7$

19) $-7a^3b \times 3a^2b^5 \rightarrow -7 \times 3 = -21,\ a^3 \times a^2 = a^{3+2} = a^5,\ b \times b^5 = b^{1+5} = b^6 \rightarrow$

$-7a^3b \times 3a^2b^5 = -21a^5b^6$

20) $-5x^2y^3z \times 6x^6y^4z^5 \rightarrow -5 \times 6 = -30,\ x^2 \times x^6 = x^{2+6} = x^8, y^3 \times y^4 = y^{3+4} = y^7,$

$z \times z^5 = z^{1+5} = z^6 \rightarrow -5x^2y^3z \times 6x^6y^4z^5 = -30x^8y^7z^6$

21) $-2a^3bc \times (-4a^8b^7) \rightarrow -2 \times (-4) = 8,\ a^3 \times a^8 = a^{3+8} = a^{11}, b \times b^7 = b^{1+7} = b^8 \rightarrow -2a^3bc \times (-4a^8b^7) = 8a^{11}b^8c$

22) $9u^6t^5 \times (-2u^2t) \rightarrow 9 \times (-2) = -18,\ u^6 \times u^2 = u^{6+2} = u^8, t^5 \times t^1 = t^{5+1} = t^6 \rightarrow 9u^6t^5 \times (-2u^2t) = -18u^8t^6$

23) $14x^2z \times 2x^6y^8z \rightarrow 14 \times 2 = 28, x^2 \times x^6 = x^{2+6} = x^8, z \times z = z^{1+1} = z^2 \rightarrow 14x^2z \times 2x^6y^8z = 28x^8y^8z^2$

24) $-12x^7y^6z \times 3xy^8 \rightarrow -12 \times 3 = -36, x^7 \times x = x^{1+7} = x^8,\ y^6 \times y^8 = y^{6+8} = y^{14} \rightarrow -12x^7y^6z \times 3xy^8 = -36x^8y^{14}z$

25) $-9a^2b^3c \times 3a^7b^6 \rightarrow -9 \times 3 = -27, a^2 \times a^7 = a^{2+7} = a^9,\ b^3 \times b^6 = b^{3+6} = b^9 \rightarrow -9a^2b^3c \times 3a^7b^6 = -27a^9b^9c$

26) $-11x^9y^7 \times (-6x^4y^3) \rightarrow -11 \times (-6) = 66, x^9 \times x^4 = x^{9+4} = x^{13}, y^7 \times y^3 = y^{7+3} = y^{10} \rightarrow -11x^9y^7 \times (-6x^4y^3) = 66x^{13}y^{10}$

27) $(4x^3y^4)(2x^4y^3) \rightarrow 4 \times 2 = 8, x^3 \times x^4 = x^{3+4} = x^7,\ y^4 \times y^3 = y^{4+3} = y^7 \rightarrow (4x^3y^4)(2x^4y^3) = 8x^7y^7$

28) $(7x^2y^5)(3x^3y^6) \rightarrow 7 \times 3 = 21, x^2 \times x^3 = x^{2+3} = x^5,\ y^5 \times y^6 = y^{5+6} = y^{11} \rightarrow (7x^2y^5)(3x^3y^6) = 21x^5y^{11}$

29) $(5x^9y^6)(8x^6y^9) \rightarrow 5 \times 8 = 40, x^9 \times x^6 = x^{9+6} = x^{15},\ y^6 \times y^9 = y^{6+9} = y^{15} \rightarrow (5x^9y^6)(8x^6y^9) = 40x^{15}y^{15}$

30) $(13a^4b^7)(2a^6b^9) \rightarrow 13 \times 2 = 26, a^4 \times a^6 = a^{4+6} = a^{10},\ b^7 \times b^9 = b^{7+9} = b^{16} \rightarrow (13a^4b^7)(2a^6b^9) = 26a^{10}b^{16}$

31) $\frac{54x^6y^3}{9x^4y} \rightarrow \frac{54}{9} = 6,\ \frac{x^6}{x^4} = x^{6-4} = x^2,\ \frac{y^3}{y} = y^{3-1} = y^2 \rightarrow \frac{54x^6y^3}{9x^4y} = 6x^2y^2$

32) $\frac{28x^5y^7}{4x^3y^4} \rightarrow \frac{28}{4} = 7,\ \frac{x^5}{x^3} = x^{5-3} = x^2,\ \frac{y^7}{y^4} = y^{7-4} = y^3 \rightarrow \frac{28x^5y^7}{4x^3y^4} = 7x^2y^3$

33) $\frac{32x^{17}y^{12}}{8x^{13}y^9} \rightarrow \frac{32}{8} = 4,\ \frac{x^{17}}{x^{13}} = x^{17-13} = x^4,\ \frac{y^{12}}{y^9} = y^{12-9} = y^3 \rightarrow \frac{32x^{17}y^{12}}{8x^{13}y^9} = 4x^4y^3$

34) $\frac{40x^7y^{19}}{5x^2y^{14}} = \rightarrow \frac{40}{5} = 8,\ \frac{x^7}{x^2} = x^{7-2} = x^5,\ \frac{y^{19}}{y^{14}} = y^{19-14} = y^5 \rightarrow \frac{40x^7y^{19}}{5x^2y^{14}} = 8x^5y^5$

35) $6(4x - 2y) = (6 \times 4x) - (6 \times 2y) = 24x - 12y$

36) $4x(5x + y) = (4x \times 5x) + (4x \times y) = 20x^2 + 4xy$

37) $8x(x - 2y) = (8x \times x) - (8x \times 2y) = 8x^2 - 16xy$

38) $x(3x^2 + 4x - 6) = (x \times 3x^2) + (x \times 4x) + \big(x \times (-6)\big) = 3x^3 + 4x^2 - 6x$

39) $4x(2x^2 + 7x + 4) = (4x \times 2x^2) + (4x \times 7x) + (4x \times 4) = 8x^3 + 28x^2 + 16x$

40) $8x(3x^2 - 7x - 3) = (8x \times 3x^2) + \big(8x \times (-7x)\big) + \big(8x \times (-3)\big) = 24x^3 - 56x^2 - 24x$

41) $(x - 4)(x + 5) = (x \times x) + (x \times 5) + (-4 \times x) + (-4 \times 5) = x^2 + 5x - 4x - 20 =$
$x^2 + x - 20$

42) $(x - 3)(x + 3) = (x \times x) + (x \times 3) + (-3 \times x) + (-3 \times 3) = x^2 + 3x - 3x - 9 = x^2 - 9$

43) $(x + 8)(x + 7) = (x \times x) + (x \times 7) + (8 \times x) + (8 \times 7) = x^2 + 7x + 8x + 56 =$
$x^2 + 15x + 56$

44) $(x - 5)(x + 9) = (x \times x) + (x \times 9) + (-5 \times x) + (-5 \times 9) = x^2 + 9x - 5x - 45 =$
$x^2 + 4x - 45$

45) $(2x + 4)(x - 6) = (2x \times x) + \big(2x \times (-6)\big) + (4 \times x) + \big(4 \times (-6)\big) =$
$2x^2 - 12x + 4x - 24 = 2x^2 - 8x - 24$

46) $(2x - 11)(x + 6) = (2x \times x) + (2x \times 6) + \big((-11) \times x\big) + \big((-11) \times 6\big) =$
$2x^2 + 12x - 11x - 66 = 2x^2 + x - 66$

47) $x^2 + 2x - 15 \rightarrow$(Usa esta regla: $x^2 + (b + a)x + ab = (x + a)(x + b)$). Entonces:
$x^2 + 2x - 15 = x^2 + (5 - 3)x + (5 \times (-3)) = (x + 5)(x - 3)$

48) $x^2 - x - 42 = x^2 + (-7 + 6)x + \big((-7) \times 6\big) = (x - 7)(x + 6)$

49) $x^2 - 14x + 49 = x^2 + (-7 - 7)x + \big((-7) \times (-7)\big) = (x - 7)(x - 7)$

50) $x^2 - 7x - 60x^2 = x^2 + (-12 + 5)x + \big((-12) \times 5\big) = (x - 12)(x + 5)$

51) $2x^2 + 6x - 20 = 2x^2 + (10x - 4x) - 20 = (2x^2 + 10x) + (-4x - 20) =$
$2x(x + 5) - 4(x + 5) = (2x - 4)(x + 5)$

52) $3x^2 + 13x - 10 = (3x^2 + 15x) + (-2x - 10) = 3x(x + 5) - 2(x + 5) =$
$(3x - 2)(x + 5)$

DÍA 9

Geometría y Figuras Sólidas

Temas matemáticos que aprenderás en este capítulo:

1. El Teorema de Pitágoras
2. Ángulos Complementarios y Suplementarios
3. Líneas Paralelas y Transversales
4. Triángulos
5. Triángulos Rectángulos Especiales
6. Polígonos
7. Círculos
8. Trapecios
9. Cubos
10. Prismas Rectángulares
11. Cilindro

El Teorema de Pitágoras

☆ Puedes usar el teorema de pitágoras para encontrar un lado perdido en un triángulo rectángulo.

☆ En cualquier triángulo rectángulo: $a^2 + b^2 = c^2$

Ejemplos:

Ejemplo 1. El triángulo rectángulo ABC (no mostrado) tiene dos patas de longitudes 3 cm (AB) y 4 cm (AC). ¿Cuál es la longitud de la hipotenusa del triángulo (lado BC)?

Solución: Usar el teorema de pitágoras: $a^2 + b^2 = c^2$, $a = 3$ y $b = 4$

Entonces: $a^2 + b^2 = c^2 \rightarrow 3^2 + 4^2 = c^2 \rightarrow 9 + 16 = c^2 \rightarrow 25 = c^2 \rightarrow c = \sqrt{25} = 5$

La longitud de la hipotenusa es 5 cm.

Ejemplo 2. Encuentra la hipotenusa de este triángulo.

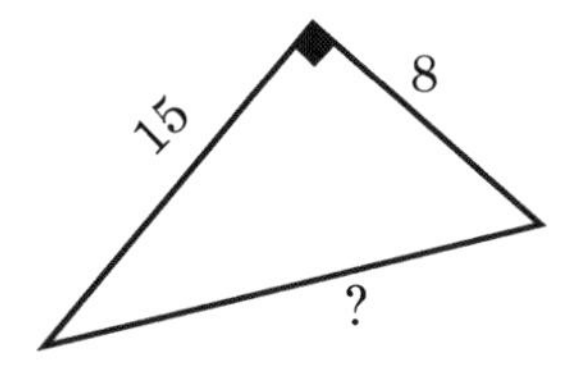

Solución: Usar el teorema de pitágoras: $a^2 + b^2 = c^2$

Entonces: $a^2 + b^2 = c^2 \rightarrow 15^2 + 8^2 = c^2 \rightarrow 225 + 64 = c^2$

$c^2 = 289 \rightarrow c = \sqrt{289} = 17$

Ejemplo 3. Encuentra la longitud del lado que falta en este triángulo.

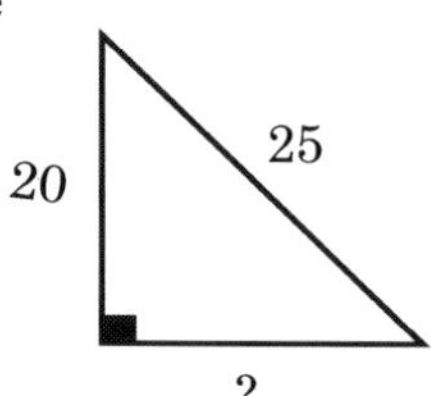

Solución: Usar el teorema de pitágoras: $a^2 + b^2 = c^2$

Entonces: $a^2 + b^2 = c^2 \rightarrow 20^2 + b^2 = 25^2 \rightarrow 400 + b^2 = 625 \rightarrow$

$b^2 = 625 - 400 \rightarrow b^2 = 225 \rightarrow b = \sqrt{225} = 15$

Ángulos Complementarios y Suplementarios

☆ Dos ángulos con una suma de 90 grados se llaman ángulos complementarios.

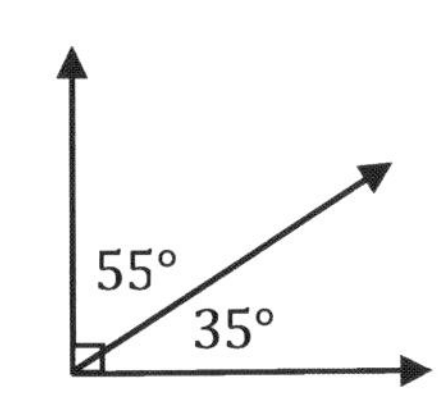

☆ Dos ángulos con una suma de 180 grados son ángulos suplementarios.

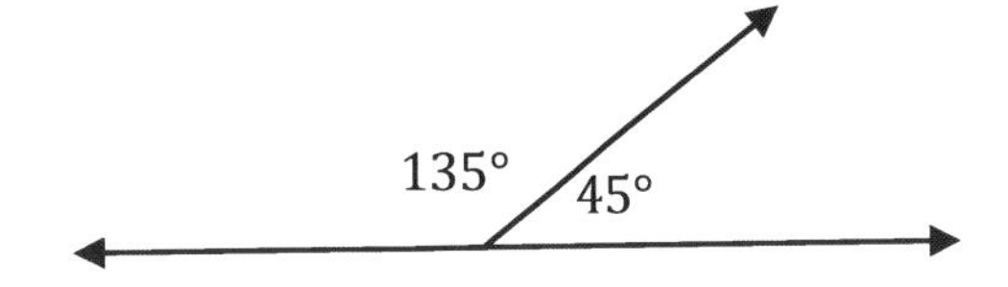

Ejemplos:

Ejemplo 1. Encuentra el ángulo que falta.

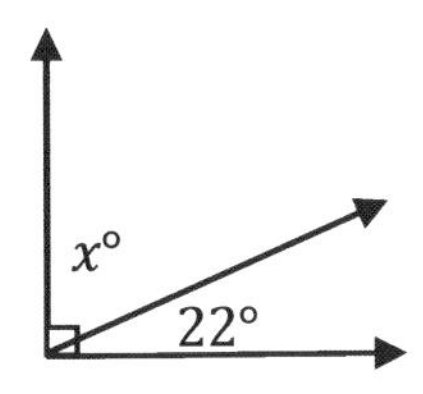

Solución: Observe que los dos ángulos forman un ángulo recto. Esto significa que los ángulos son complementarios, y su suma es 90. Entonces: $22^\circ + x = 90^\circ \rightarrow x = 90^\circ - 22^\circ = 68^\circ$

El ángulo que falta es 68 grados. $x = 68^\circ$

Ejemplo 2. Los ángulos Q y S son complementarios. ¿Cuál es la medida del ángulo Q si el ángulo S es de 45 grados?

Solución: Q y S son suplementarios $\rightarrow Q + S = 180 \rightarrow Q + 45 = 180 \rightarrow$

$$Q = 180 - 45 = 135^\circ$$

Ejemplo 3. Los ángulos x e y son complementarios. ¿Cuál es la medida del ángulo x si el ángulo y es de 27 grados?

Solución: Los ángulos x y y son complementarios $\rightarrow x + y = 90 \rightarrow x + 27 = 90 \rightarrow$

$$x = 90 - 27 = 63^\circ$$

Líneas Paralelas y Transversales

☆ Cuando una línea (transversal) interseca dos líneas paralelas en el mismo plano, se forman ocho ángulos. En el siguiente diagrama, una transversal interseca dos líneas paralelas. Los ángulos 1, 3, 5 y 7 son congruentes. Los ángulos 2, 4, 6 y 8 también son congruentes.

☆ En el siguiente diagrama, los siguientes ángulos son ángulos suplementarios (su suma es 180):

- Ángulos 1 y 8
- Ángulos 2 y 7
- Ángulos 3 y 6
- Ángulos 4 y 5

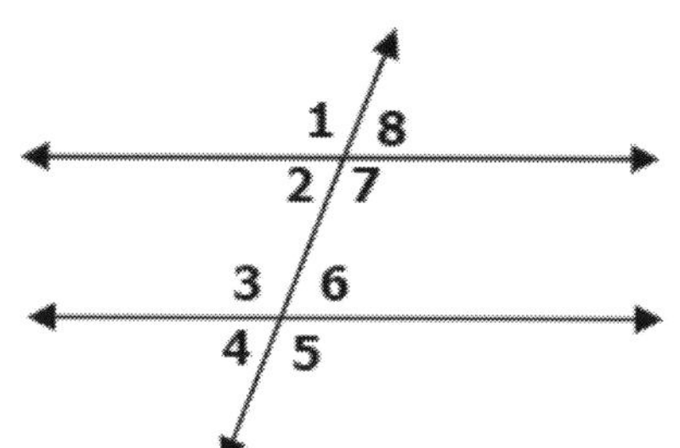

Ejemplo:

En el siguiente diagrama, dos líneas paralelas están cortadas por una transversal. ¿Cuál es el valor de x?

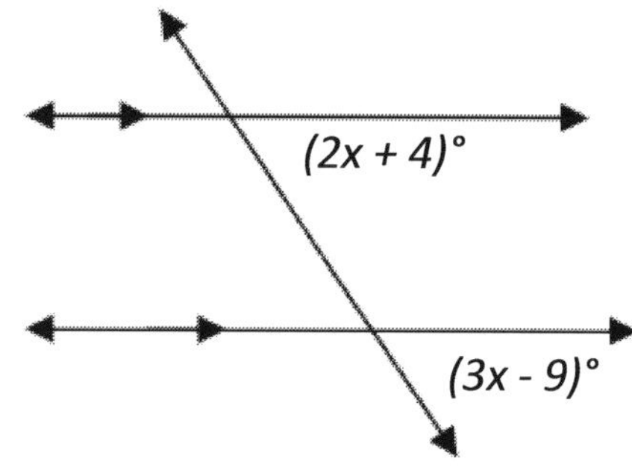

Solución: Los dos ángulos $2x + 4$ y $3x - 9$ son equivalentes.

Eso es: $2x + 4 = 3x - 9$

Ahora, resuelve para x:

$2x + 4 + 9 = 3x - 9 + 9$

$\rightarrow 2x + 13 = 3x \rightarrow 2x + 13 - 2x = 3x - 2x \rightarrow$

$13 = x$

Triángulos

- ☆ En cualquier triángulo, la suma de todos los ángulos es de 180 grados.
- ☆ Área de un triángulo $= \frac{1}{2}(\text{base} \times \text{altura})$

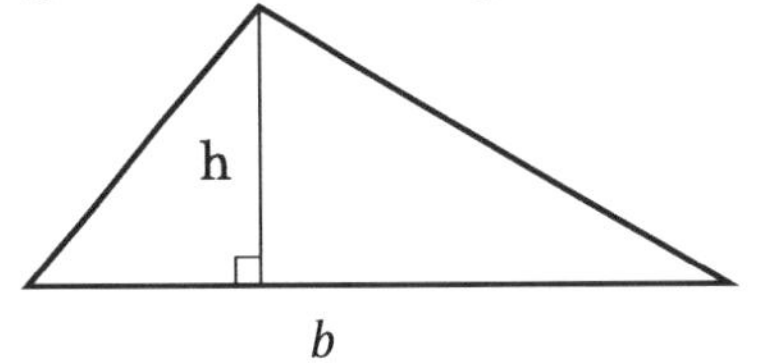

Ejemplos:

Ejemplo 1. ¿Cuál es el área de este triángulo?

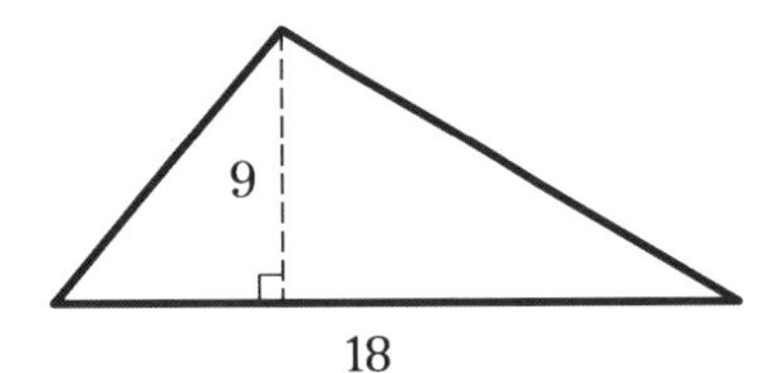

Solución: Usar la fórmula de área :

$\text{Área} = \frac{1}{2}(\text{base} \times \text{altura})$

base= 18 y altura= 9, entonces:

$\text{Área} = \frac{1}{2}(18 \times 9) = \frac{162}{2} = 81$

Ejemplo 2. ¿Cuál es el área de este triángulo?

Solución: Usar la fórmula de área:

$\text{Área} = \frac{1}{2}(\text{base} \times \text{altura})$

base= 18 y altura= 7; $\text{Área} = \frac{1}{2}(18 \times 7) = \frac{126}{2} = 63$

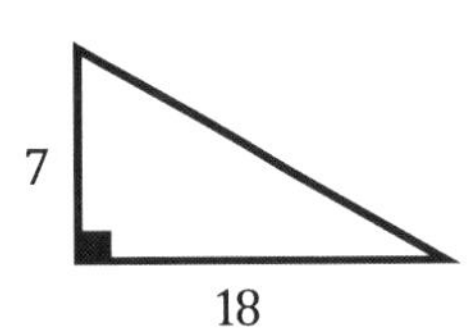

Ejemplo 3. ¿Cuál es el ángulo que falta en este triángulo?

Solución: En cualquier triángulo, la suma de todos los ángulos es de 180 grados. Sea x el ángulo faltante.

Entonces: $63 + 84 + x = 180 \rightarrow 147 + x = 180 \rightarrow$

$$x = 180 - 147 = 33^\circ$$

El ángulo faltante es de 33 grados.

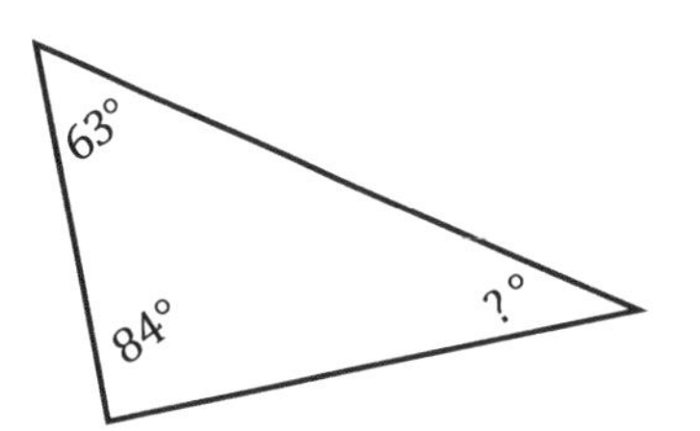

Triángulos Rectángulos Especiales

☆ Un triángulo rectángulo especial es un triángulo cuyos lados están en una proporción particular. Dos triángulos especiales a la derecha son de $45^\circ - 45^\circ - 90^\circ$ y triángulos de $30^\circ - 60^\circ - 90^\circ$.

☆ En un triángulo especial $45^\circ - 45^\circ - 90^\circ$, los tres ángulos son 45°, 45° y 90°. Las longitudes de los lados de este triángulo están en la proporción de $1:1:\sqrt{2}$.

☆ En un triángulo especial $30^\circ - 60^\circ - 90^\circ$, los tres ángulos son $30^\circ - 60^\circ - 90^\circ$. Las longitudes de los lados de este triángulo están en la proporción de $1:\sqrt{3}:2$.

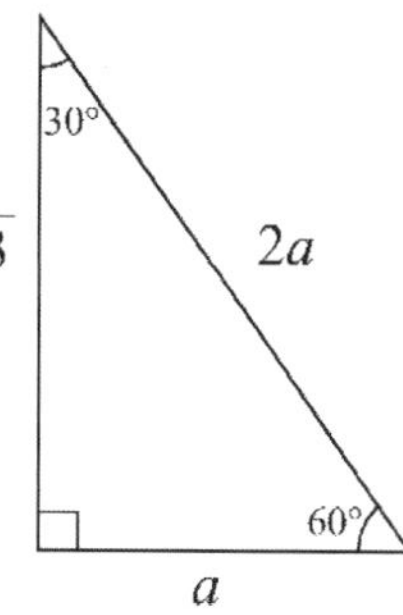

Ejemplos:

Ejemplo 1. Encuentra la longitud de la hipotenusa de un triángulo rectángulo si la longitud de los otros dos lados es de 6 pulgadas.

Solución: Este es un triángulo rectángulo con dos lados iguales. Por lo tanto, debe ser un triángulo de $45^\circ - 45^\circ - 90^\circ$. Dos lados equivalentes son de 6 pulgadas. La proporción de sus lados: $x:x:x\sqrt{2}$
La longitud de la hipotenusa es $6\sqrt{2}$ pulgadas. $x:x:x\sqrt{2} \rightarrow \mathbf{6:6:6\sqrt{2}}$

Ejemplo 2. La longitud de la hipotenusa de un triángulo rectángulo es de 6 pulgadas. ¿Cuáles son las longitudes de los otros dos lados si un ángulo del triángulo es de 30°?

Solución: La hipotenusa es de 6 pulgadas y el triángulo es un triángulo de $30^\circ - 60^\circ - 90^\circ$. Entonces, un lado del triángulo es 3 (es la mitad del lado de la hipotenusa) y el otro lado es $3\sqrt{3}$. (es el menor lateral $\sqrt{3}$)
$x:x\sqrt{3}:2x \rightarrow x = 3 \rightarrow x:x\sqrt{3}:2x = 3:3\sqrt{3}:6$

Polígonos

☆ El perímetro de un cuadrado $= 4 \times lado = 4s$

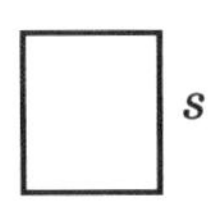

☆ El perímetro de un rectángulo $= 2(ancho + largo)$

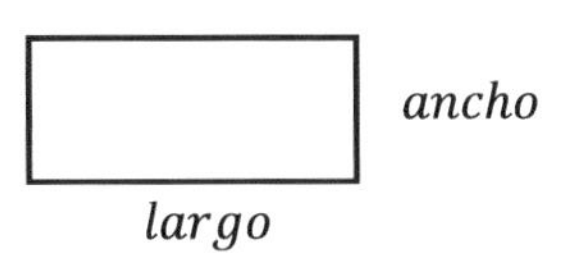

☆ El perímetro de un trapecio $= a + b + c + d$

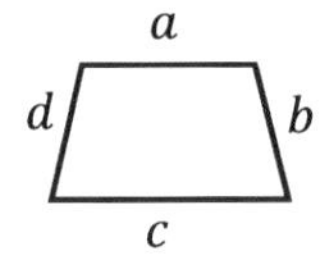

☆ El perímetro de un hexágono regular $= 6a$

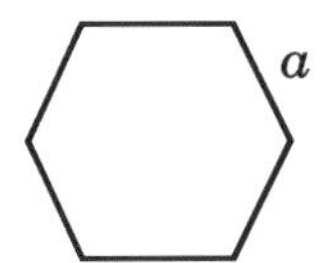

☆ El perímetro de un paralelógramo $= 2(l + w)$

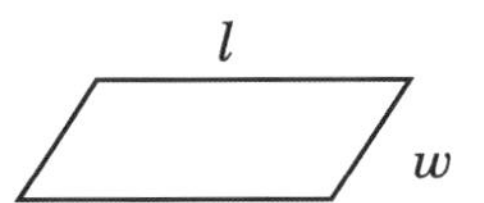

Ejemplos:

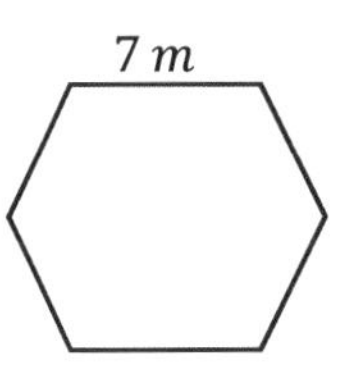

Ejemplo 1. Encuentra el perímetro del siguiente hexágono regular.

Solución: Dado que el hexágono es regular, todos los lados son iguales.

Entonces, El perímetro del hexágono $= 6 \times (un\ lado)$

The perimeter of the hexagon $= 6 \times (un\ lado) = 6 \times 7 = 42\ m$

Ejemplo 2. Encuentra el perímetro del siguiente trapecio.

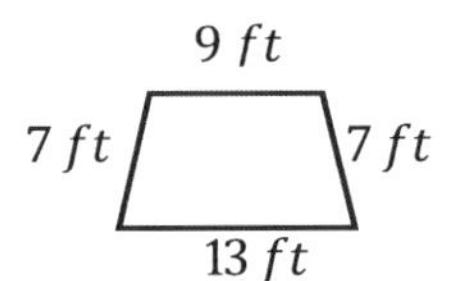

Solución: El perímetro de un trapecio $= a + b + c + d$

El perímetro de un trapecio $= 9 + 7 + 13 + 7 = 36\ ft$

Círculos

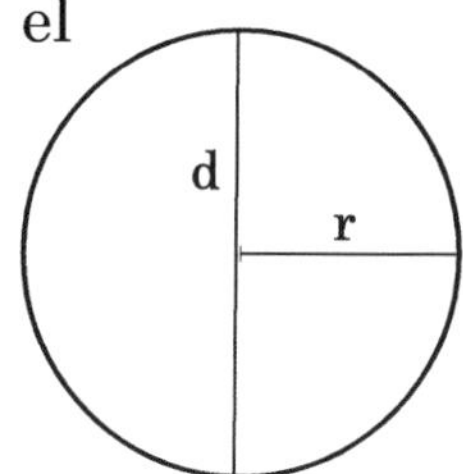

☆ En un círculo, la variable r se usa generalmente para el radio y d para el diámetro.

☆ *Área de un círculo* $= \pi r^2$ (π es aproximadamente 3.14)

☆ *Circunferencia de un círculo* $= 2\pi r$

Ejemplos:

Ejemplo 1. Encuentra el área de este círculo. ($\pi = \mathbf{3.14}$)

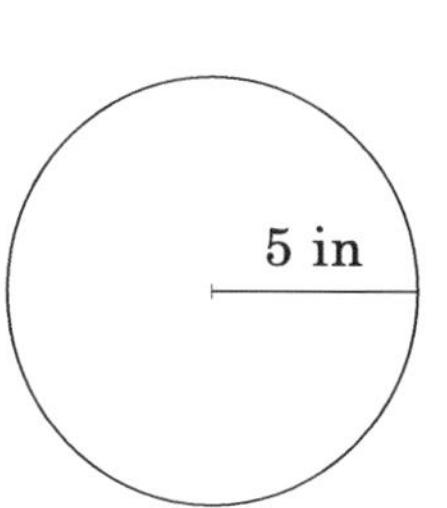

Solución:

Usar la fórmula de área: $Área = \pi r^2$

$r = 5\ in \rightarrow Área = \pi(5)^2 = 25\pi$, $\pi = \mathbf{3.14}$

Entonces: $Área = 25 \times 3.14 = 78.5\ in^2$

Ejemplo 2. Encuentra la circunferencia de este círculo. ($\pi = \mathbf{3.14}$)

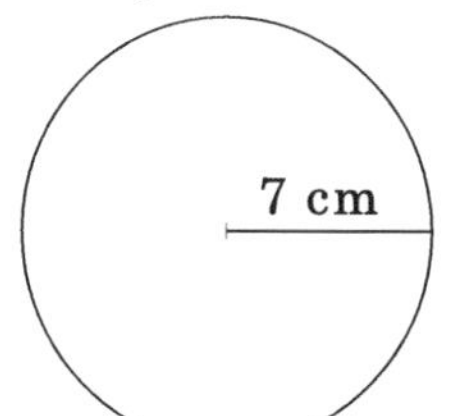

Solución:

Use la fórmula de circunferencia: Circunferencia$= 2\pi r$

$r = 7\ cm \rightarrow$ Circunferencia $= 2\pi(7) = 14\pi$

$\pi = \mathbf{3.14}$, Entonces: Circunferencia$= 14 \times 3.14 = 43.96\ cm$

Ejemplo 3. Encuentra el área de este círculo.

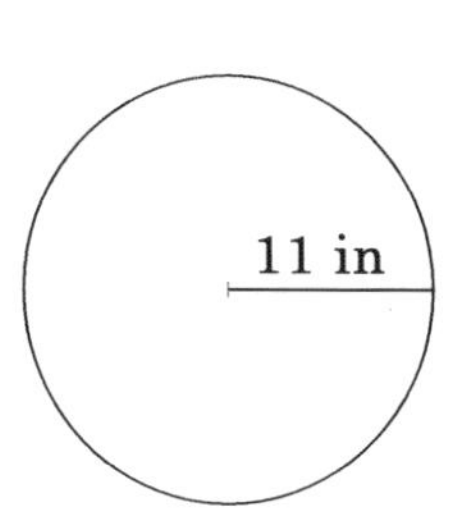

Solución:

Usar la fórmula de área: $Área = \pi r^2$

$r = 11\ in$, entonces: $Área = \pi(11)^2 = 121\pi$, $\pi = \mathbf{3.14}$

$Área = 121 \times 3.14 = 379.94\ in^2$

Trapecios

☆ Un cuadrilátero con al menos un par de lados paralelos es un trapecio.

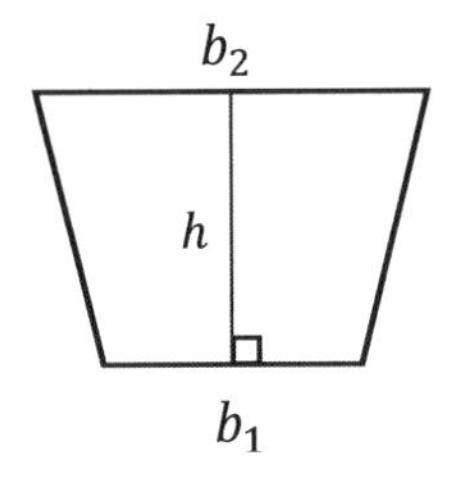

☆ Área de un trapecio $= \frac{1}{2}h(b_1 + b_2)$

Ejemplos:

Ejemplo 1. Calcular el área de este trapecio.

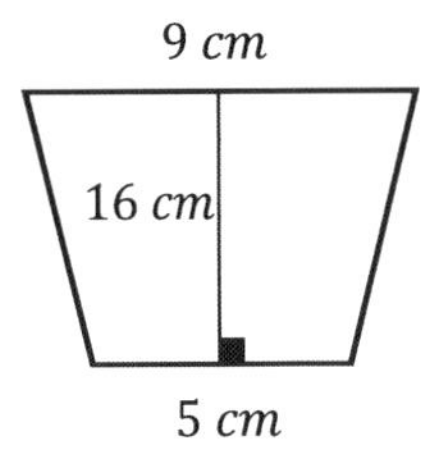

Solución:

Usar la fórmula de área: $A = \frac{1}{2}h(b_1 + b_2)$

$b_1 = 5\ cm$, $b_2 = 9\ cm$ y $h = 16\ cm$

Entonces: $A = \frac{1}{2}(16)(9 + 5) = 8(14) = 112\ cm^2$

Ejemplo 2. Calcular el área de este trapecio.

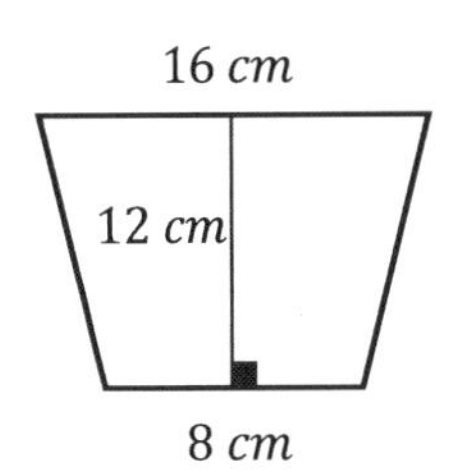

Solución:

Usar la fórmula de área: $A = \frac{1}{2}h(b_1 + b_2)$

$b_1 = 8\ cm$, $b_2 = 16\ cm$ y $h = 12\ cm$

Entonces: $A = \frac{1}{2}(12)(8 + 16) = 144\ cm^2$

Cubos

☆ Un cubo es un objeto sólido tridimensional delimitado por seis lados cuadrados.

☆ El volumen es la medida de la cantidad de espacio dentro de una figura sólida, como un cubo, una bola, un cilindro o una pirámide.

☆ El volumen de un cubo $= (un\ lado)^3$

☆ El área de superficie de un cubo $= 6 \times (un\ lado)^2$

Ejemplos:

Ejemplo 1. Encuentra el volumen y el área de superficie de este cubo.

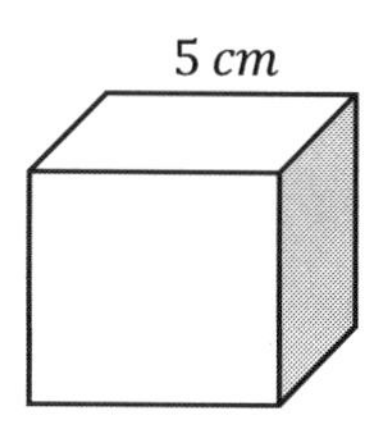

Solución: Usar fórmula de volumen: $volumen = (un\ lado)^3$
Entonces: $volumen = (un\ lado)^3 = (5)^3 = 125\ cm^3$
Usar fórmula de área de superficie:
$Área\ de\ superficie\ de\ un\ cubo$: $6(un\ lado)^2 = 6(5)^2 = 6(25) = 150\ cm^2$

Ejemplo 2. Encuentra el volumen y el área de superficie de este cubo.

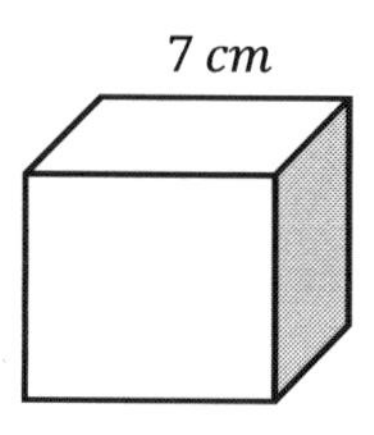

Solución: Usar fórmula de volumen: $volumen = (un\ lado)^3$
Entonces: $volumen = (un\ lado)^3 = (7)^3 = 343\ cm^3$
Usar fórmula de área de superficie:
$Área\ de\ superficie\ de\ un\ cubo$: $6(un\ lado)^2 = 6(7)^2 = 6(49) = 294\ cm^2$

Ejemplo 3. Encuentra el volumen y el área de superficie de este cubo.

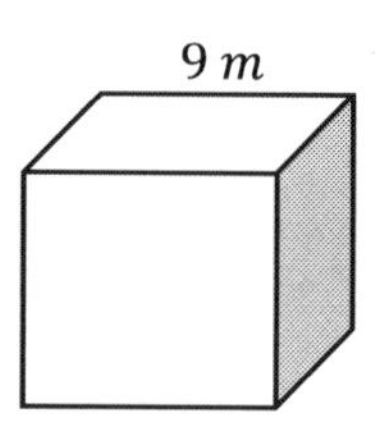

Solución: Usar fórmula de volumen: $volumen = (un\ lado)^3$
Entonces: $volumen = (un\ lado)^3 = (9)^3 = 729\ m^3$
Usar fórmula de área de superficie:
$Área\ de\ superficie\ de\ un\ cubo$: $6(un\ lado)^2 = 6(9)^2 = 6(81) = 486\ m^2$

Prismas Rectangulares

☆ Un prisma rectangular es un objeto sólido de 3 dimensiones con seis caras rectangulares.

☆ El volumen de un prisma rectangular $= Largo \times Ancho \times Altura$

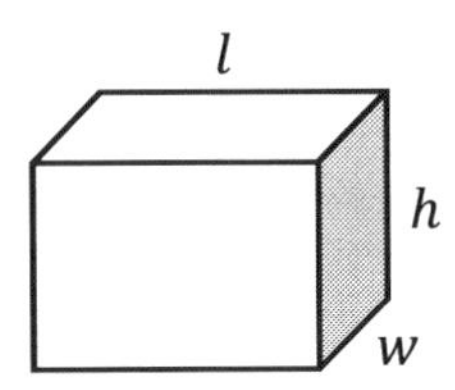

$Volumen = l \times w \times h$
$Área\ de\ Superficie = 2 \times (wh + lw + lh)$

Ejemplos:

Ejemplo 1. Encuentra el volumen y la superficie de este prisma rectangular.

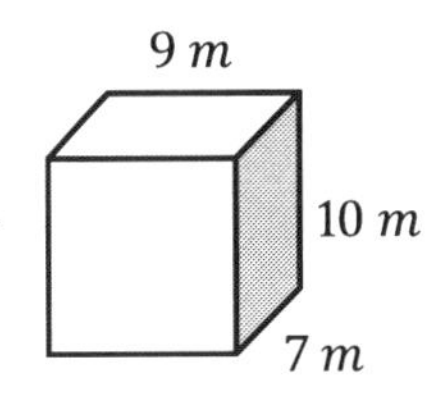

Solución: Usar fórmula de volumen: $Volumen = l \times w \times h$
Entonces: $Volumen = 9 \times 7 \times 10 = 630\ m^3$
Usar fórmula de área de superficie: $Área\ de\ Superficie = 2 \times (wh + lw + lh)$
Entonces: $Área\ de\ Superficie = 2 \times \big((7 \times 10) + (9 \times 7) + (9 \times 10)\big)$
$= 2 \times (70 + 63 + 90) = 2 \times (223) = 446\ m^2$

Ejemplo 2. Encuentra el volumen y la superficie de este prisma rectangular.

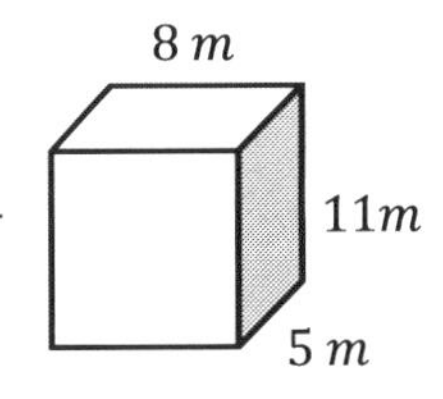

Solución: Usar fórmula de volumen: $Volumen = l \times w \times h$
Entonces: $Volumen = 8 \times 5 \times 11 = 440\ m^3$
Usar fórmula de área de superficie: $Área\ de\ Superficie = 2 \times (wh + lw + lh)$
Entonces: $Área\ de\ Superficie = 2 \times \big((5 \times 11) + (8 \times 5) + (8 \times 11)\big)$
$= 2 \times (55 + 40 + 88) = 2 \times (183) = 366\ m^2$

Cilindro

☆ Un cilindro es una figura geométrica sólida con lados paralelos rectos y una sección transversal circular u ovalada.

☆ $Volume\ de\ un\ cilindro = \pi(radio)^2 \times altura,\ \pi \approx 3.14$

☆ $Área\ de\ superficie\ de\ un\ cilindro = 2\pi r^2 + 2\pi rh$

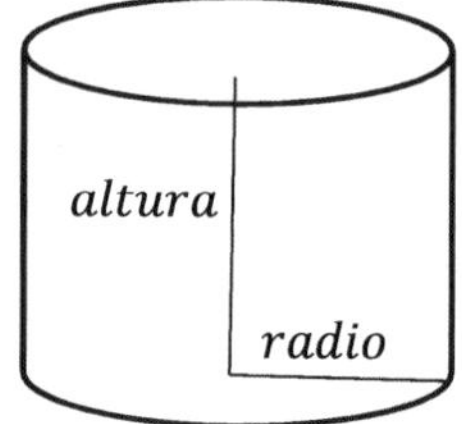

Ejemplos:

Ejemplo 1. Encuentra el volumen y el área de superficie del siguiente cilindro.

Solución: Usar fórmula de volumen:

$Volumen = \pi(radio)^2 \times altura$

Entonces: $Volumen = \pi(6)^2 \times 12 = 36\pi \times 12 = 432\pi$

$\boldsymbol{\pi = 3.14}$, Entonces: $Volumen = 432\pi = 432 \times 3.14 = 1{,}356.48\ cm^3$

Usar fórmula de área de superficie: $Área\ de\ Superficie = 2\pi r^2 + 2\pi rh$

Entonces: $\mathbf{2}\pi(6)^2 + 2\pi(6)(12) = 2\pi(36) + 2\pi(72) = 72\pi + 144\pi = 216\pi$

$\boldsymbol{\pi = 3.14}$, Entonces: $Área\ de\ Superficie = 216 \times 3.14 = 678.24\ cm^2$

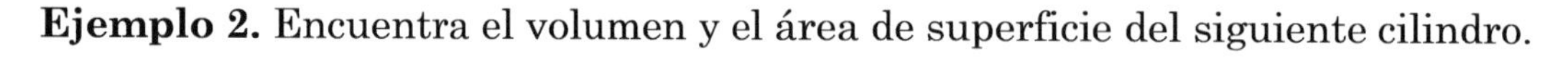

Ejemplo 2. Encuentra el volumen y el área de superficie del siguiente cilindro.

Solución: Usar fórmula de volumen:

$Volumen = \pi(radio)^2 \times altura$

Entonces: $Volumen = \pi(2)^2 \times 5 = 4\pi \times 5 = 20\pi$

$\boldsymbol{\pi = 3.14}$, entonces: $Volumen = 20\pi = 62.8\ cm^3$

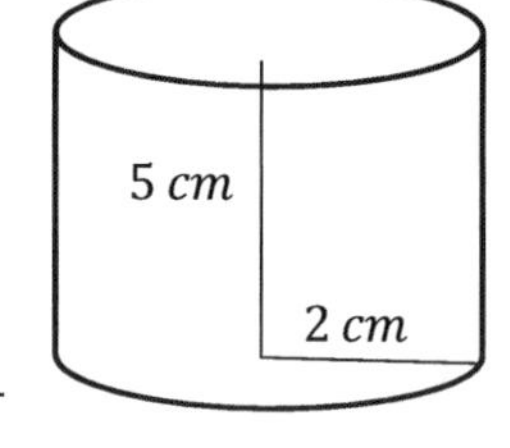

Usar fórmula de área de superficie: $Área\ de\ Superficie = 2\pi r^2 + 2\pi rh$

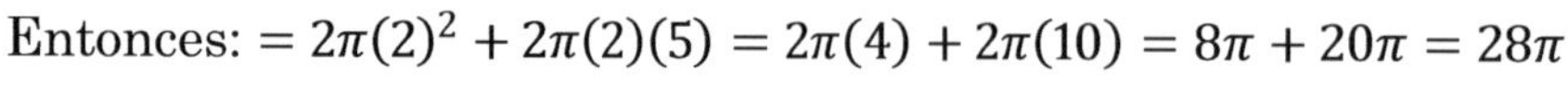

Entonces: $= 2\pi(2)^2 + 2\pi(2)(5) = 2\pi(4) + 2\pi(10) = 8\pi + 20\pi = 28\pi$

$\boldsymbol{\pi = 3.14}$, entonces: $Área\ de\ Superficie = 28 \times 3.14 = 87.92\ cm^2$

Día 9: Práctica

Encuentra el lado que falta

1)

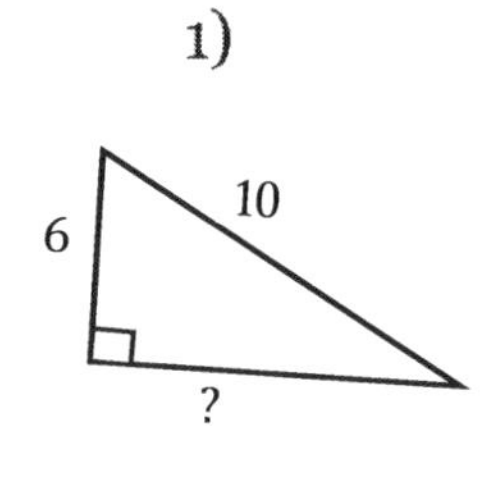

2)

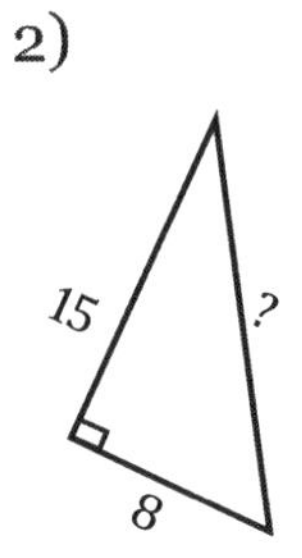

3)

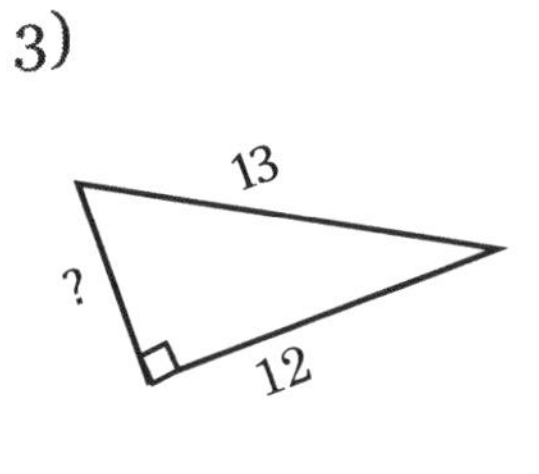

4)

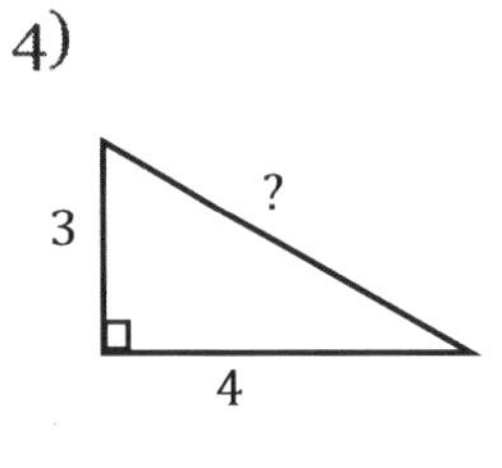

Encuentra la medida del ángulo desconocido en cada triángulo.

5)

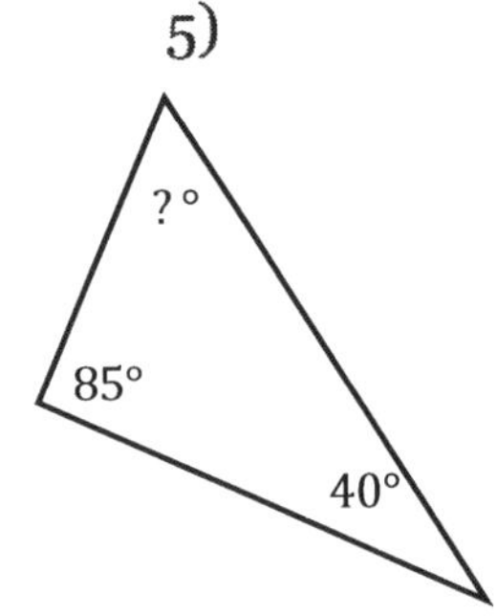

6)

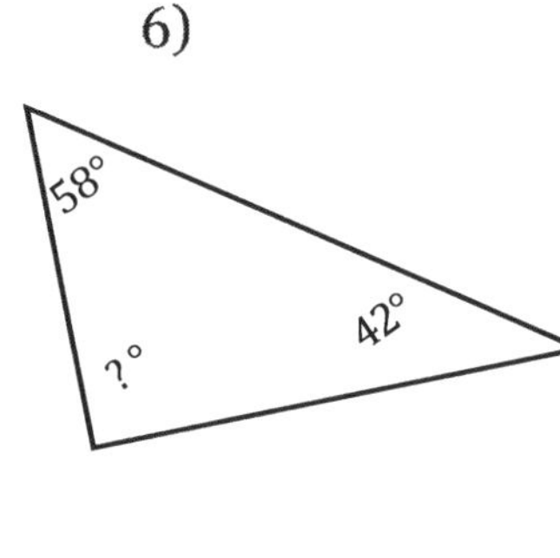

7)

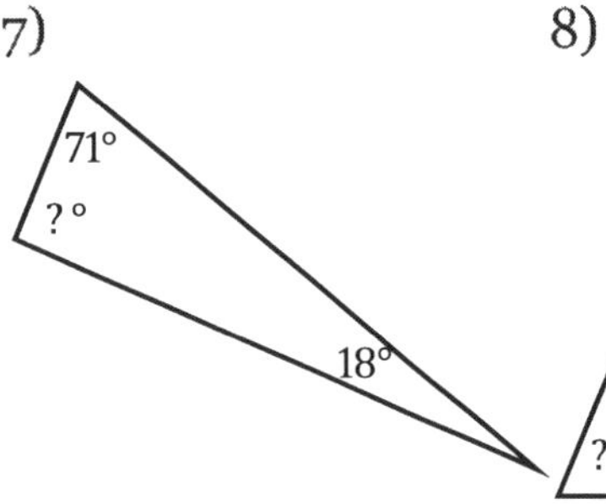

8)

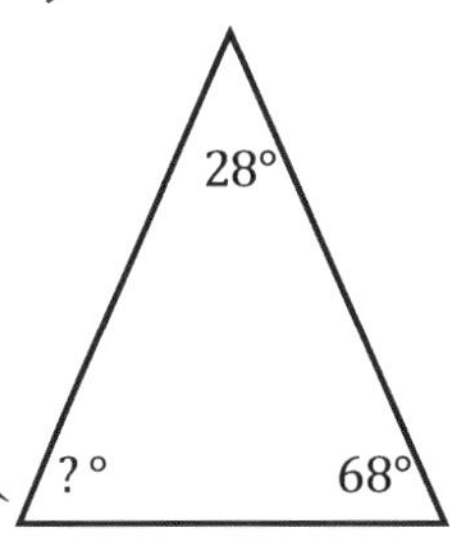

Encuentra el área de cada triángulo.

9)

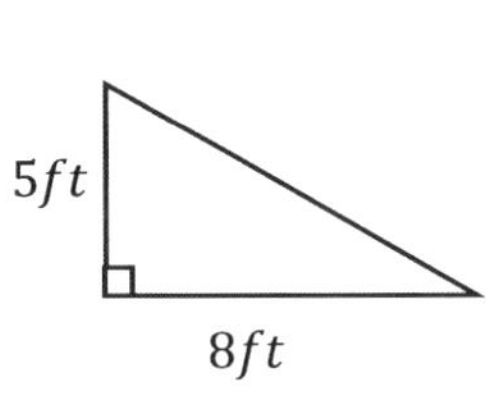

10)

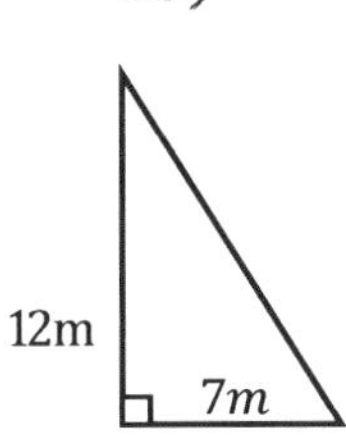

11)

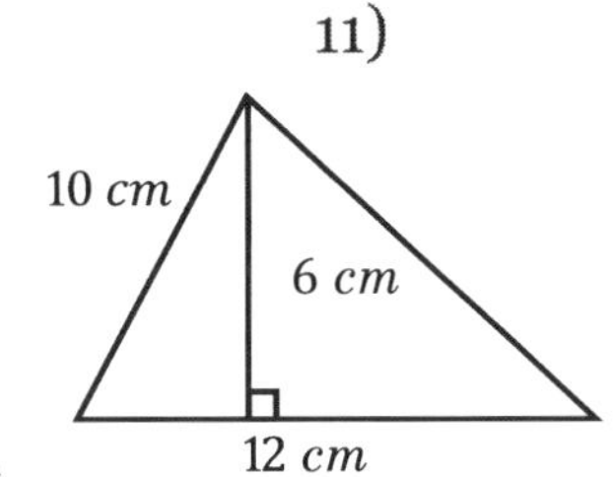

12)

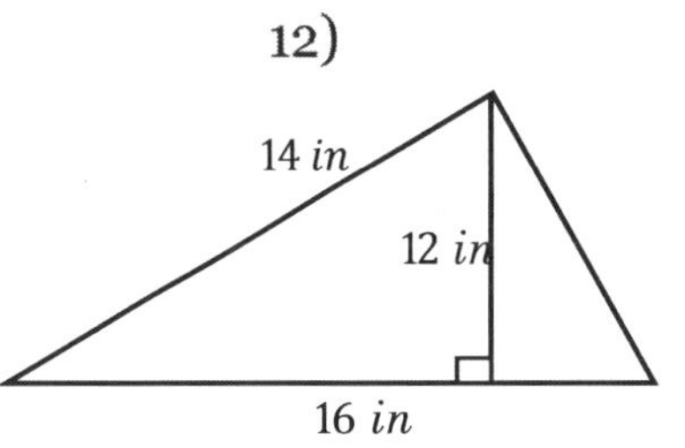

Encuentra el perímetro o circunferencia de cada forma.

13)

14 cm

16 cm

16 cm

14 cm

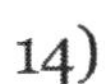

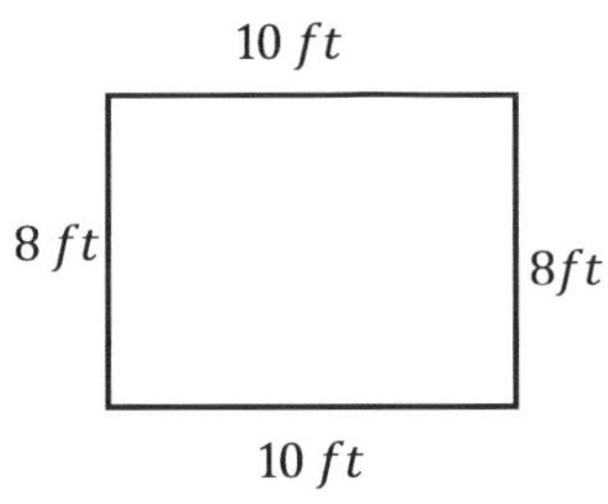

15)

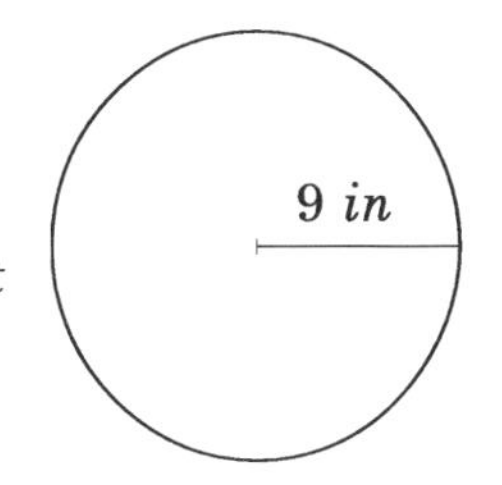

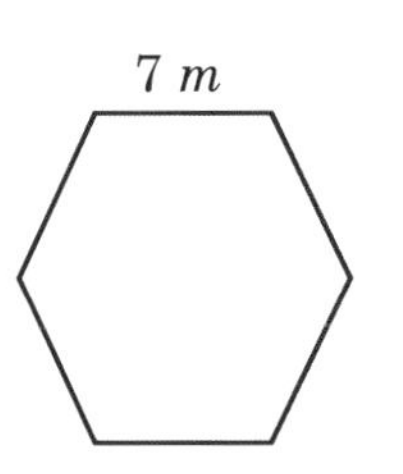

Encuentra el área de cada trapecio.

17) 18) 19) 20)

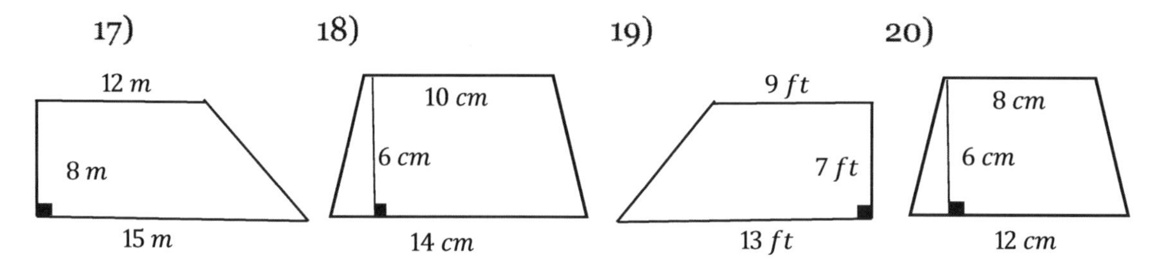

Encuentra el volumen de cada cubo.

21)

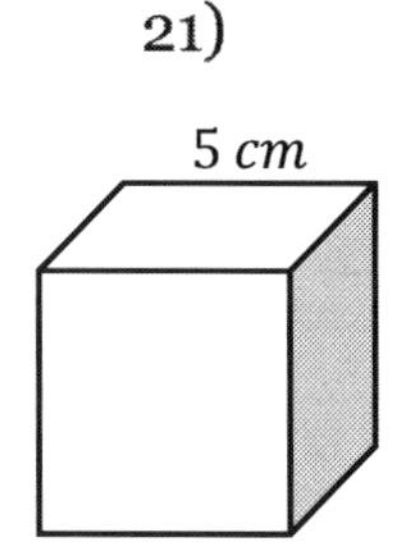

22)

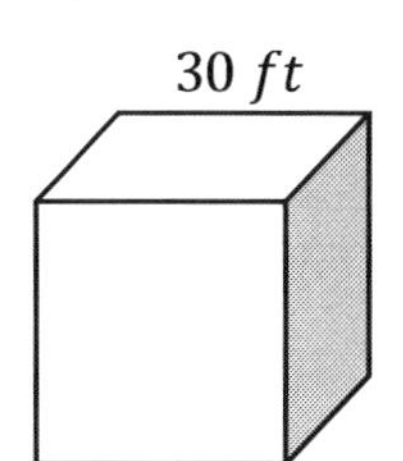

23)

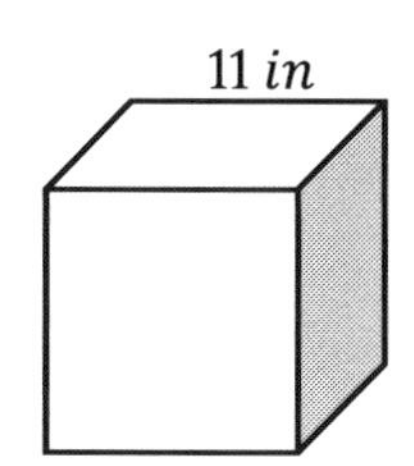

24)

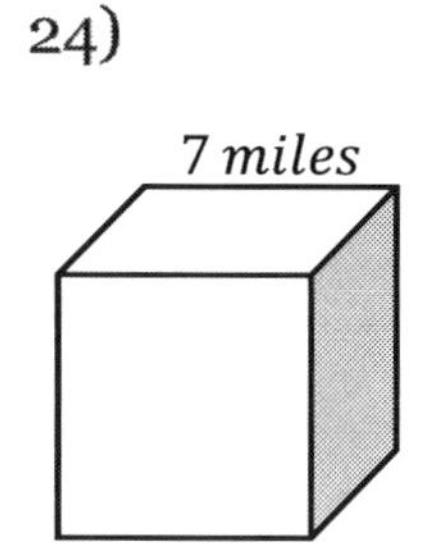

Encuentra el volumen de cada prisma rectangular.

25) 26) 27)

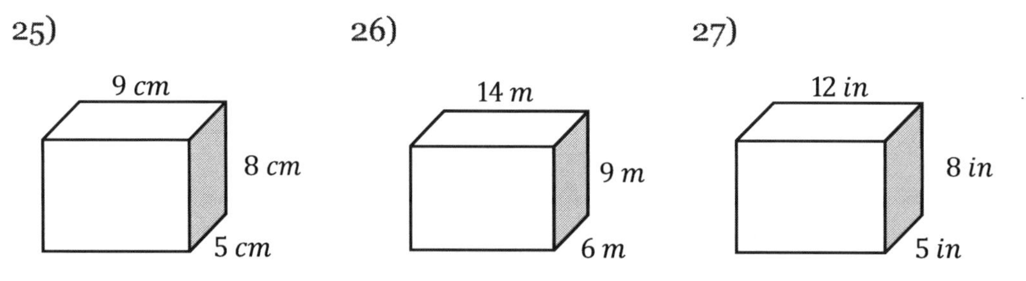

Encuentra el volumen de cada cilindro. Redondea tu respuesta a la décima más cercana. ($\pi = 3.14$)

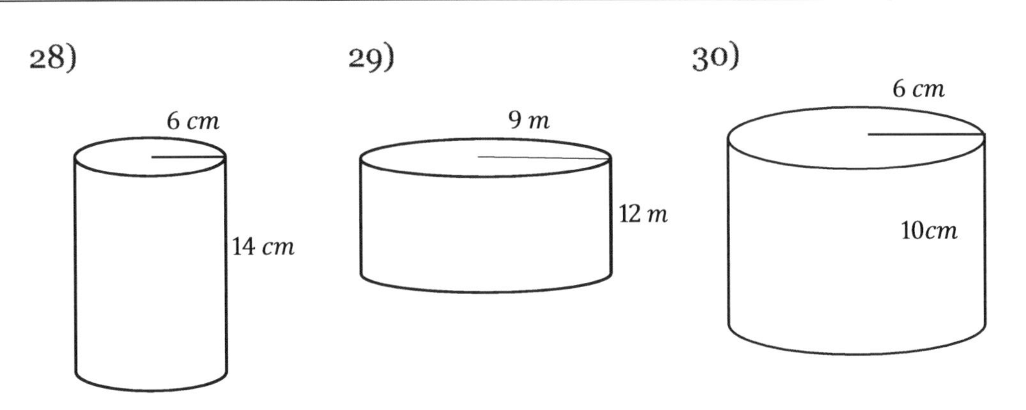
28)
6 cm
14 cm
29)
9 m
12 m
30)
6 cm
10cm

Día 9: Respuestas

1) Usar el teorema de pitágoras: $a^2 + b^2 = c^2$, $a = 6$ y $c = 10$, entonces: $6^2 + b^2 = 10^2 \rightarrow 36 + b^2 = 100 \rightarrow b^2 = 100 - 36 = 64 \rightarrow b = \sqrt{64} = 8$
2) Usar el teorema de pitágoras: $a^2 + b^2 = c^2$, $a = 15$ y $b = 8$, entonces: $15^2 + 8^2 = c^2 \rightarrow 225 + 64 = c^2 \rightarrow c^2 = 289 \rightarrow c = \sqrt{289} = 17$
3) Usar el teorema de pitágoras: $a^2 + b^2 = c^2$, $a = 12$ y $c = 13$, entonces: $12^2 + b^2 = 13^2 \rightarrow 144 + b^2 = 169 \rightarrow b^2 = 169 - 144 = 25 \rightarrow b = \sqrt{25} = 5$
4) Usar el teorema de pitágoras: $a^2 + b^2 = c^2$, $a = 3$ y $b = 4$, entonces: $3^2 + 4^2 = c^2 \rightarrow 9 + 16 = c^2 \rightarrow c^2 = 25 \rightarrow c = \sqrt{25} = 5$
5) En cualquier triángulo, la suma de todos los ángulos es de 180 grados. Entonces: $85 + 40 + x = 180 \rightarrow 125 + x = 180 \rightarrow x = 180 - 125 = 55$
6) $58 + 42 + x = 180 \rightarrow 100 + x = 180 \rightarrow x = 180 - 100 = 80$
7) $71 + 18 + x = 180 \rightarrow 89 + x = 180 \rightarrow x = 180 - 89 = 91$
8) $28 + 68 + x = 180 \rightarrow 96 + x = 180 \rightarrow x = 180 - 96 = 84$
9) Área $= \frac{1}{2}$(base×altura), base= 8 y altura= 5; Área $= \frac{1}{2}(8 \times 5) = \frac{40}{2} = 20\ ft^2$
10) Base $= 7\ m$ y altura $= 12\ m$; Área $= \frac{1}{2}(12 \times 7) = \frac{84}{2} = 42\ m^2$
11) Base $= 12\ cm$ y altura $= 6\ cm$; Área $= \frac{1}{2}(12 \times 6) = \frac{72}{2} = 36\ cm^2$
12) Base $= 16\ in$ y altura $= 12\ in$; Área $= \frac{1}{2}(16 \times 12) = \frac{192}{2} = 96\ in^2$
13) El perímetro de un paralelógramo $= 2(l + w) \rightarrow l = 14\ cm, w = 16\ cm$. Entonces: $2(l + w) = 2(14 + 16) = 60\ cm$
14) El perímetro de un rectángulo $= 2(w + l) \rightarrow l = 10\ ft, w = 8\ ft$. Entonces: $2(l + w) = 2(10 + 8) = 36\ ft$
15) Circunferencia *de un círculo* $= 2\pi r \rightarrow r = 9\ in$. Entonces: $2\pi \times 9 = 18 \times 3.14 = 56.52\ in$
16) El perímetro de un hexágono regular $= 6a \rightarrow a = 7\ m$. Entonces: $6 \times 7 = 42\ m$

17) El área de un trapecio $= \frac{1}{2}h(b_1 + b_2) \rightarrow b_1 = 12\,m,\ \ b_2 = 15\,m$ y $h = 8m$.

Entonces: $A = \frac{1}{2}(8)(12 + 15) = 108\,m^2$

18) $b_1 = 10\,cm$, $b_2 = 14\,cm$ y $h = 6\,cm$. Entonces: $A = \frac{1}{2}(6)(10 + 14) = 72\,cm^2$

19) $b_1 = 9\,ft$, $b_2 = 13\,ft$ y $h = 7\,ft$. Entonces: $A = \frac{1}{2}(7)(9 + 13) = 77\,ft^2$

20) $b_1 = 8\,cm$, $b_2 = 12\,cm$ y $h = 6\,cm$. Entonces: $A = \frac{1}{2}(6)(8 + 12) = 60\,cm^2$

21) El volumen de un cubo $= (un\ lado)^3 = (5)^3 = 125\,cm^3$

22) El volumen de un cubo $= (un\ lado)^3 = (30)^3 = 27{,}000\,ft^3$

23) El volumen de un cubo $= (un\ lado)^3 = (11)^3 = 1{,}331\,in^3$

24) El volumen de un cubo $= (un\ lado)^3 = (7)^3 = 343\,millas^3$

25) El volumen de un prisma rectangular $= l \times w \times \mathrm{h} \rightarrow l = 9\,cm,\ w = 5\,cm, h = 8\,cm$. Entonces: $V = 9 \times 5 \times 8 = 360\,cm^3$

26) $V = l \times w \times \mathrm{h} \rightarrow l = 14\,m,\ w = 6\,m, h = 9\,m$. Entonces: $V = 14 \times 6 \times 9 = 756\,m^3$

27) $\mathrm{V} = l \times w \times \mathrm{h} \rightarrow l = 12\,in,\ w = 5\,in, h = 8\,in$. Entonces: $\mathrm{V} = 12 \times 5 \times 8 = 480\,in^3$

28) Volumen de un cilindro $= \pi(r)^2 \times h \rightarrow r = 6\,cm, h = 14\,cm$

Entonces: $\pi(6)^2 \times 14 = 3.14 \times 36 \times 14 = 1{,}582.56 \approx 1{,}582.6$

29) Volumen de un cilindro $= \pi(r)^2 \times h \rightarrow r = 9\,m, h = 12\,m$

Entonces: $\pi(9)^2 \times 12 = 3.14 \times 81 \times 12 = 3{,}052.08 \approx 3{,}052.1$

30) Volumen de un cilindro $= \pi(r)^2 \times h \rightarrow r = 6\,cm, h = 10\,cm$

Entonces: $\pi(6)^2 \times 10 = 3.14 \times 36 \times 10 = 1{,}130$

Estadísticas y Funciones

Temas matemáticos que aprenderás en este capítulo:

1. Media, Mediana, Moda y Rango de los Datos Dados
2. Gráfico de Torta
3. Problemas de Probabilidad
4. Permutaciones y Combinaciones
5. Notación y Evaluación de Funciones
6. Suma y Resta de Funciones
7. Multiplicación y División de Funciones
8. Composición de Funciones

Media, Mediana, Moda y Rango de los Datos Dados

☆ **Media:** $\frac{Suma\ de\ los\ datos}{Número\ total\ de\ datos\ completos}$

☆ **Moda:** El valor de la lista que aparece con más frecuencia

☆ **Mediana:** es el número medio de un grupo de números ordenados por tamaño.

☆ **Rango:** La diferencia entre el valor más grande y el valor más pequeño de la lista.

Ejemplos:

Ejemplo 1. ¿Cuál es la moda de estos números? 4, 7, 8, 7, 8, 9, 8, 5

Solución: Moda: El valor de la lista que aparece con más frecuencia.
Por lo tanto, el modo es el número 8. Hay tres números 8 en los datos.

Ejemplo 2. ¿Cuál es la mediana de estos números? $6, 11, 15, 10, 17, 20, 7$

Solución: Escribe los números en orden: $6, 7, 10, 11, 15, 17, 20$
La mediana es el número en el medio. Por lo tanto, la mediana es 11.

Ejemplo 3. ¿Cuál es la media de estos números? $8, 5, 3, 7, 6, 4, 9$

Solución: Media: $\frac{Suma\ de\ los\ datos}{Número\ total\ de\ datos\ completos} = \frac{8+5+3+7+6+4+9}{7} = \frac{42}{7} = 6$

Ejemplo 4. ¿Cuál es el rango en esta lista? $9, 2, 5, 10, 15, 22, 7$

Solución: El rango es la diferencia entre el valor más grande y el valor más pequeño de la lista. El valor más grande es 22 y el valor más pequeño es 2.
Entonces: $22 - 2 = 20$

Gráfico de Torta

☆ Un Gráfico de torta es un gráfico circular dividido en sectores, cada sector representa el tamaño relativo de cada valor.

☆ Los gráficos circulares representan una instantánea de cómo se divide un grupo en partes más pequeñas.

Ejemplo:

Una biblioteca tiene 650 libros que incluyen Matemáticas, Física, Química, Inglés e Historia. Utilice el siguiente gráfico para responder a las preguntas.

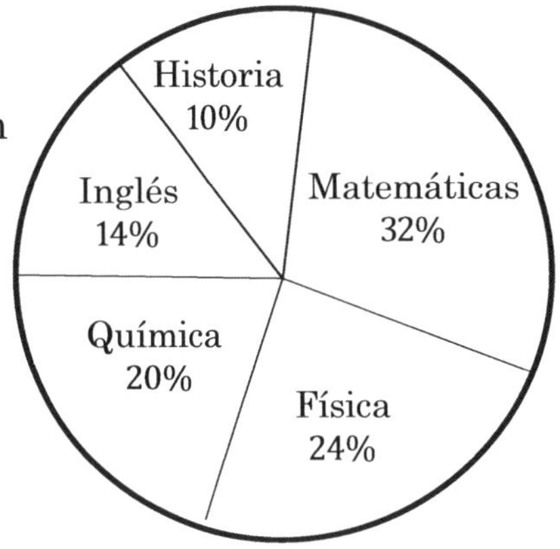

Ejemplo 1. ¿Cuál es el número de libros de matemáticas?

Solución: Número total de libros = 650

Porcentaje de libros de matemáticas = 32%

Entonces, el número de libros de matemáticas: $32\% \times 650 = 0.32 \times 650 = 208$

Ejemplo 2. ¿Cuál es el número de libros de historia?

Solución: Número total de libros = 650

Porcentaje de libros de historia = 10%

Entonces: $0.10 \times 650 = 65$

Ejemplo 3. ¿Cuál es el número de libros en inglés en la biblioteca?

Solución: Número total de libros = 650

Porcentaje de libros en inglés = 14%

Entonces: $0.14 \times 650 = 91$

Problemas de Probabilidad

- ☆ La probabilidad es la probabilidad de que algo suceda en el futuro. Se expresa como un número entre cero (nunca puede suceder) a 1 (siempre sucederá).
- ☆ La probabilidad se puede expresar como una fracción, un decimal o un porcentaje.
- ☆ Fórmula de probabilidad: $Probabilidad = \frac{Número\ de\ resultados\ deseados}{Número\ total\ de\ resultados}$

Ejemplos:

Ejemplo 1. La bolsa de truco o trato de Anita contiene 8 piezas de chocolate, 16 retoños, 22 piezas de chicle y 20 piezas de regaliz. Si saca al azar un caramelo de su bolso, ¿cuál es la probabilidad de que saque un chicle?

Solución: $Probabilidad = \frac{Número\ de\ resultados\ deseados}{Número\ total\ de\ resultados}$

Probabilidad de sacar un chicle $= \frac{22}{8+16+22+20} = \frac{22}{66} = \frac{1}{3}$

Ejemplo 2. Una bolsa contiene 25 bolas: cinco verdes, ocho negras, siete azules, una marrón, una roja y tres blancas. Si se retiran 24 bolas de la bolsa al azar, ¿cuál es la probabilidad de que se haya eliminado una bola roja?

Solución: Si se retiran 24 bolas de la bolsa al azar, habrá una bola en la bolsa. La probabilidad de elegir una bola roja es de 1 de 25. Por lo tanto, la probabilidad de no elegir una bola roja es de 24 sobre 25 y la probabilidad de no tener una bola roja después de quitar 24 bolas es la misma. La respuesta es: $\frac{24}{25}$

Permutaciones y Combinaciones

☆ **Los factoriales** son productos, indicados por un signo de exclamación. Por ejemplo , $4! = 4 \times 3 \times 2 \times 1$ (Recuerda que 0! se define como igual a 1)

☆ **Permutaciones:** El número de formas de elegir una muestra de k elementos de un conjunto de n objetos distintos donde el orden sí importa, y no se permiten reemplazos. Para un problema de permutación, use esta fórmula:

$$nP_k = \frac{n!}{(n-k)!}$$

☆ **Combinación:** El número de formas de elegir una muestra de elementos r de un conjunto de n objetos distintos donde el orden no importa, y no se permiten reemplazos. Para un problema de combinación, use esta fórmula:

$$nC_r = \frac{n!}{r!\,(n-r)!}$$

Ejemplos:

Ejemplo 1. ¿De cuántas maneras se puede otorgar el primer y segundo lugar a 6 personas?

Solución: Dado que el orden importa, (¡el primer y segundo lugar son diferentes!) necesitamos usar la fórmula de permutación donde n es 6 y k es 2.
Entonces: $\frac{n!}{(n-k)!} = \frac{6!}{(6-2)!} = \frac{6!}{4!} = \frac{6\times5\times4!}{4!}$, elimine 4! de ambos lados de la fracción. Entonces: $\frac{6\times5\times4!}{4!} = 6 \times 5 = 30$

Ejemplo 2. ¿De cuántas maneras podemos elegir un equipo de 4 personas de un grupo de 9?

Solución: Como el orden no importa, necesitamos usar una fórmula combinada donde n es 9 y r es 4.
Entonces: $\frac{n!}{r!\,(n-r)!} = \frac{9!}{4!\,(9-4)!} = \frac{9!}{4!\,(5)!} = \frac{9\times8\times7\times6\times5!}{4!\,(5)!} = \frac{9\times8\times7\times6}{4\times3\times2\times1} = \frac{3{,}024}{24} = 126$

Notación y Evaluación de Funciones

☆ Las funciones son operaciones matemáticas que asignan salidas únicas a entradas dadas.

☆ La notación de funciones es la forma en que se escribe una función. Está destinado a ser una forma precisa de dar información sobre la función sin una explicación escrita bastante larga.

☆ La notación de función más popular es $f(x)$ el cual se lee "f de x". Cualquier letra puede nombrar una función. Por ejemplo : $g(x)$, $h(x)$, etc.

☆ Para evaluar una función, conecte la entrada (el valor o expresión dados) para la variable de la función (marcador de posición x).

Ejemplos:

Ejemplo 1. Evalúa: $f(x) = 2x + 9$, encuentra $f(5)$

Solución: Reemplaza x con 5:
Entonces: $f(x) = 2x + 9 \rightarrow f(5) = 2(5) + 9 \rightarrow f(5) = 19$

Ejemplo 2. Evalúa: $w(x) = 5x - 4$, encuentra $w(2)$.

Solución: Reemplaza x con 2:
Entonces: $w(x) = 5x - 4 \rightarrow w(2) = 5(2) - 4 = 10 - 4 = 6$

Ejemplo 3. Evalúa: $f(x) = 5x^2 + 8$, encuentra $f(-2)$.

Solución: Reemplaza x con -2:
Entonces: $f(x) = 5x^2 + 8 \rightarrow f(-2) = 5(-2)^2 + 8 \rightarrow f(-2) = 20 + 8 = 28$

Ejemplo 4. Evalúa: $h(x) = 3x^2 - 4$, encuentra $h(3a)$.

Solución: Reemplaza x con $3a$:
Entonces: $h(x) = 3x^2 - 4 \rightarrow h(3a) = 3(3a)^2 - 4 \rightarrow h(3a) = 3(9a^2) - 4 = 27a^2 - 4$

Suma y Resta de Funciones

☆ Al igual que podemos sumar y restar números y expresiones, podemos sumar o restar funciones y simplificarlas o evaluarlas. El resultado es una nueva función.

☆ Para dos funciones $f(x)$ y$g(x)$, podemos crear dos nuevas funciones:

$$(f+g)(x) = f(x) + g(x) \text{ y } (f-g)(x) = f(x) - g(x)$$

Ejemplos:

Ejemplo 1. $g(x) = 4x - 3$, $f(x) = x + 6$, encuentra: $(g+f)(x)$

Solución: $(g+f)(x) = g(x) + f(x)$
Entonces: $(g+f)(x) = (4x-3) + (x+6) = 4x - 3 + x + 6 = 5x + 3$

Ejemplo 2. $f(x) = 2x - 7$, $g(x) = x - 9$, encuentra: $(f-g)(x)$

Solución: $(f-g)(x) = f(x) - g(x)$
Entonces: $(f-g)(x) = (2x-7) - (x-9) = 2x - 7 - x + 9 = x + 2$

Ejemplo 3. $g(x) = 2x^2 + 6$, $f(x) = x - 3$, encuentra: $(g+f)(x)$

Solución: $(g+f)(x) = g(x) + f(x)$
Entonces: $(g+f)(x) = (2x^2 + 6) + (x - 3) = 2x^2 + x + 3$

Ejemplo 4. $f(x) = 2x^2 - 1$, $g(x) = 4x + 3$, encuentra: $(f-g)(2)$

Solución: $(f-g)(x) = f(x) - g(x)$
Entonces: $(f-g)(x) = (2x^2 - 1) - (4x + 3) = 2x^2 - 1 - 4x - 3 = 2x^2 - 4x - 4$
Reemplaza x con 2: $(f-g)(2) = 2(2)^2 - 4(2) - 4 = 8 - 8 - 4 = -4$

Multiplicación y División de Funciones

☆ Al igual que podemos multiplicar y dividir números y expresiones, podemos multiplicar y dividir dos funciones y simplificarlas o evaluarlas.

☆ Para dos funciones $f(x)$ y $g(x)$, podemos crear dos nuevas funciones:

$$(f.g)(x) = f(x).g(x) \text{ y } \left(\frac{f}{g}\right)(x) = \frac{f(x)}{g(x)}$$

Ejemplos:

Ejemplo 1. $g(x) = x + 2$, $f(x) = x + 5$, encuentra: $(g.f)(x)$

Solución:

$$(g.f)(x) = g(x).f(x) = (x + 2)(x + 5) = x^2 + 5x + 2x + 10 = x^2 + 7x + 10$$

Ejemplo 2. $f(x) = x + 4$, $h(x) = x - 16$, encuentra: $\left(\frac{f}{h}\right)(x)$

Solución: $\left(\frac{f}{h}\right)(x) = \frac{f(x)}{h(x)} = \frac{x+4}{x-16}$

Ejemplo 3. $g(x) = x + 5$, $f(x) = x - 2$, encuentra: $(g.f)(3)$

Solución: $(g.f)(x) = g(x).f(x) = (x + 5)(x - 2) = x^2 - 2x + 5x - 10$

$$g(x).f(x) = x^2 + 3x - 10$$

Reemplaza x con 3: $(g.f)(3) = (3)^2 + 3(3) - 10 = 9 + 9 - 10 = 8$

Ejemplo 4. $f(x) = 2x + 2$, $h(x) = x - 3$, encuentra: $\left(\frac{f}{h}\right)(4)$

Solución: $\left(\frac{f}{h}\right)(x) = \frac{f(x)}{h(x)} = \frac{2x+2}{x-3}$

Reemplaza x con 4: $\left(\frac{f}{h}\right)(4) = \frac{2x+2}{x-3} = \frac{2(4)+2}{4-3} = \frac{10}{1} = 10$

Composition of Functions

☆ "Composición de funciones" simplemente significa combinar dos o más funciones de una manera en la que la salida de una función se convierte en la entrada para la siguiente función.

☆ La notación utilizada para la composición es: $(fog)(x) = f(g(x))$ y se lee "f compuesto con g de x" o "f de g de x".

Ejemplos:

Ejemplo 1. Usando $f(x) = x + 5$ y $g(x) = \mathbf{7}x$, encuentra: $(fog)(x)$

Solución: $(fog)(x) = f(g(x))$. Entonces: $(fog)(x) = f(g(x)) = f(7x)$

Ahora encuentra $f(7x)$ sustituyendo x con $7x$ en *la función* $f(x)$.

Entonces: $f(x) = x + 5$; $(x \to 7x) \to f(7x) = 7x + 5$

Ejemplo 2. Usando $f(x) = \mathbf{2}x - 3$ y $g(x) = x - 5$, encuentra: $(gof)(3)$

Solución: $(fog)(x) = f(g(x))$. Entonces: $(gof)(x) = g(f(x)) = g(2x - 3)$,

Ahora sustituye x en $g(x)$ *por* $(\mathbf{2}x - 3)$.

Entonces: $g(\mathbf{2}x - 3) = (\mathbf{2}x - 3) - 5 = 2x - 8$

Reemplaza x con 3: $(gof)(3) = g(f(x)) = 2x - 8 = 2(3) - 8 = -2$

Ejemplo 3. Usando $f(x) = \mathbf{3}x^2 - 7$ y $g(x) = \mathbf{2}x + 1$, encuentra: $f(g(2))$

Solución: Primero, encuentra $g(2)$: $g(x) = \mathbf{2}x + 1 \to g(2) = 2(2) + 1 = 5$

Entonces: $f(g(2)) = f(5)$. Ahora busca $f(5)$ sustituyendo x con 5 en la función $f(x)$. $f(g(2)) = f(5) = \mathbf{3}(5)^2 - 7 = 3(25) - 7 = 68$

Día 10: Práctica

Encuentra los valores de los datos dados.

1) 9, 10, 9, 8, 11

2) 6, 8, 1, 4, 7, 6, 10

Moda: _____ Rango: _____ Media: _____ Mediana: _____

El gráfico circular a continuación muestra todos los gastos de Bob del mes pasado. Bob gastó $ 675 en su alquiler el mes pasado.

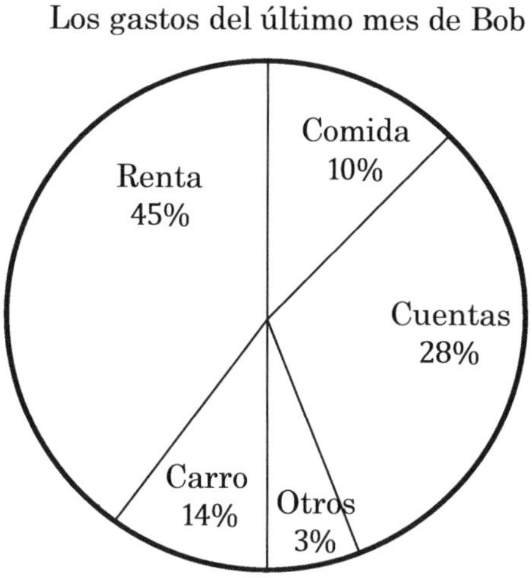

Los gastos del último mes de Bob

Renta 45%
Comida 10%
Cuentas 28%
Otros 3%
Carro 14%

3) ¿Cuánto fueron los gastos totales de Bob el mes pasado? ______

4) ¿Cuánto gastó Bob en sus facturas el mes pasado? ______

5) ¿Cuánto gastó Bob en su auto el mes pasado?______

Resuelve.

6) La bolsa A contiene 9 canicas rojas y 6 canicas verdes. La bolsa B contiene 6 canicas negras y 9 canicas naranjas. ¿Cuál es la probabilidad de seleccionar una canica roja al azar de la bolsa A? ¿Cuál es la probabilidad de seleccionar una canica negra al azar de la bolsa B?

_______________ _______________

7) 7Jason está planeando sus vacaciones. Quiere ir al museo, ir a la playa y jugar voleibol. ¿Cuántas formas diferentes de ordenar hay para él? _______________

8) ¿De cuántas maneras puede un equipo de 8 jugadores de baloncesto elegir un capitán y un cocapitán? _______________

9) ¿De cuántas maneras puedes regalar 9 bolas a tus 12 amigos? _______________

Evalúa cada función.

10) $g(n) = 3n + 7$, busca $g(3)$

____

11) $h(x) = 4n - 7$, busca $h(5)$

____

12) $y(n) = 12 - 3n$, busca $y(8)$

____

13) $b(n) = -10 - 5n$, busca $b(8)$

____

14) $g(x) = -7x + 6$, busca $g(-3)$

____

15) $k(n) = -4n + 5$, busca $k(-5)$

____

16) $w(n) = -3n - 6$, busca $w(-4)$

____

17) $z(n) = 14 - 2n$, busca $n(3)$

____

Realizar la operación indicada.

18) $f(x) = 2x + 3$

$g(x) = x + 4$

Busca $(f - g)(x)$

____

19) $g(a) = -3a + 2$

$h(a) = a^2 - 4$

Busca $(h + g)(3)$

____

Realizar la operación indicada.

20) $g(x) = x - 4$

$f(x) = x + 3$

Busca $(g.f)(2)$

____

21) $f(x) = x + 2$

$h(x) = x - 5$

Busca $\left(\frac{f}{h}\right)(-3)$

____

Usando $f(x) = 2x + 5$ y $g(x) = 2x - 3$, encuentra:

22) $g(f(2)) =$ ____

23) $g(f(-2)) =$ ____

24) $f(f(1)) =$ ____

25) $f(f(-1)) =$ ____

26) $f(g(4)) =$ ____

27) $f(g(-3)) =$ ____

Día 10: Respuestas

1) Moda = El valor de la lista que aparece con más frecuencia = 9
   Rango: La diferencia entre el valor más grande y el valor más pequeño. Entonces:
   $11 - 8 = 3$
2) Media: $\frac{\textit{Suma de los datos}}{\textit{Número total de datos completos}} = \frac{6+8+1+4+7+6+10}{7} = \frac{42}{7} = 6$
   Mediana: es el número medio de un grupo de números ordenados por tamaño. Escribe los números en orden : 1, 4, 6, 7, 8, 10. Entonces: Mediana = $\frac{6+7}{2} = 6.5$
3) Alquiler de Bob = $675

   Gastos totales → 45% del total de gastos = renta →

   Gastos totales = renta ÷ 0.45 = $675 ÷ 0.45 = $1,500
4) Cuentas = 28% × Gastos totales = 0.28 × $1,500 = $420
5) Carro = 14% × Gastos totales = 0.14 × $1,500 = 210
6) Probabilidad de sacar una canica roja de la bolsa A = $\frac{\textit{Número de canicas rojas}}{\textit{Total de canicas}} = \frac{9}{6+9} = \frac{9}{15} = 0.6 = 60\%$
   Probabilidad de sacar una canica negra de la bolsa B = $\frac{\textit{Número de canicas negras}}{\textit{Total de canicas}} = \frac{6}{6+9} = \frac{6}{15} = 0.4 = 40\%$
7) Jason tiene 3 opciones. Por lo tanto, el número de formas diferentes de ordenar los eventos es: $3 \times 2 \times 1 = 6$
8) Este es un problema de permutación. (el orden es importante) Entonces: $nP_k = \frac{n!}{(n-k)!} \rightarrow n = 8, k = 2 \rightarrow \frac{8!}{(8-2)!} = \frac{8!}{6!} = \frac{8\times7\times6!}{6!} = 56$
9) Este es un problema de combinación (el orden no importa) $nC_r = \frac{n!}{r!\,(n-r)!} \rightarrow$

$$n = 12, r = 9 \rightarrow nC_r = \frac{12!}{9!\ (12-9)!} = \frac{12!}{9!\,3!} = \frac{12 \times 11 \times 10 \times 9!}{3 \times 2 \times 1 \times 9!} = \frac{1{,}320}{6} = 220$$

10) $g(n) = 3n + 7 \rightarrow g(3) = 3(3) + 7 = 9 + 7 = 16$
11) $h(x) = 4n - 7 \rightarrow h(5) = 4(5) - 7 = 20 - 7 = 13$
12) $y(n) = 12 - 3n \rightarrow y(8) = 12 - 3(8) = 12 - 24 = -12$
13) $b(n) = -10 - 5n \rightarrow b(8) = -10 - 5(8) = -10 - 40 = -50$

14) $g(x) = -7x + 6 \rightarrow g(-3) = -7(-3) + 6 = 21 + 6 = 27$

15) $k(n) = -4n + 5 \rightarrow k(-5) = -4(-5) + 5 = 20 + 5 = 25$

16) $w(n) = -3n - 6 \rightarrow w(-4) = -3(-4) - 6 = 12 - 6 = 6$

17) $z(n) = 14 - 2n \rightarrow n(3) = 14 - 2(3) = 14 - 6 = 8$

18) $(f - g)(x) = f(x) - g(x) = 2x + 3 - (x + 4) = 2x + 3 - x - 4 = x - 1$

19) $(h + g)(3) = h(a) + g(a) = a^2 - 4 - 3a + 2 = a^2 - 3a - 2 = (3)^2 - 3(3) - 2 = 9 - 9 - 2 = -2$

20) $(g.f)(2) = f(x) \times g(x) = (x - 4) \times (x + 3) = (x \times x) + (x \times 3) + (-4 \times x) + (-4 \times 3) = x^2 + 3x - 4x - 12 = x^2 - x - 12 = 2^2 - 2 - 12 = 4 - 2 - 12 = -10$

21) $\left(\frac{f}{h}\right)(-3) = \frac{f(x)}{h(x)} = \frac{x+2}{x-5} = \frac{(-3)+2}{(-3)-5} = \frac{-3+2}{-3-5} = \frac{-1}{-8} = \frac{1}{8}$

22) Primero, encuentra $f(2)$: $f(x) = 2x + 5 \rightarrow f(2) = 2(2) + 5 = 9$
Entonces: $g(f(2)) = g(9)$. Ahora, busca $g(9)$ sustituyendo x con 9 en la función $g(x)$. $g(f(2)) = g(9) = \mathbf{2}(9) - 3 = 18 - 3 = 15$

23) Primero, encuentra $f(-2)$: $f(x) = 2x + 5 \rightarrow f(-2) = 2(-2) + 5 = -4 + 5 = 1$
Entonces: $g(f(-2)) = g(1)$. Ahora, busca $g(1)$ sustituyendo x con 1 en la función $g(x)$. $g(f(-2)) = g(1) = \mathbf{2}(1) - 3 = 2 - 3 = -1$

24) Primero, encuentra $f(1)$: $f(x) = 2x + 5 \rightarrow f(1) = 2(1) + 5 = 2 + 5 = 7$
Entonces: $f(f(1)) = f(7)$. Ahora, busca $f(7)$ sustituyendo x con 7 en la función $f(x)$. $f(f(1)) = f(7) = \mathbf{2}(7) + 5 = 14 + 5 = 19$

25) Primero, encuentra $f(-1)$: $f(x) = 2x + 5 \rightarrow f(-1) = 2(-1) + 5 = -2 + 5 = 3$
Entonces: $f(f(-1)) = f(3)$. Ahora, busca $f(3)$ sustituyendo x con 3 en la función $f(x)$. $f(g(-1)) = f(3) = \mathbf{2}(3) + 5 = 6 + 5 = 11$

26) Primero, encuentra $g(4)$: $g(x) = 2x - 3 \rightarrow g(4) = 2(4) - 3 = 8 - 3 = 5$
Entonces: $f(g(4)) = f(5)$. Ahora, busca $f(5)$ sustituyendo x con 5 en la función $f(x)$. $f(g(4)) = f(5) = \mathbf{2}(5) + 5 = 10 + 5 = 15$

27) Primero, encuentra $g(-3)$: $g(x) = 2x - 3 \rightarrow g(-3) = 2(-3) - 3 = -6 - 3 = -9$
Entonces: $f(g(-3)) = f(-9)$. Ahora, busca $f(-9)$ sustituyendo x con -9 en la función $f(x)$. $f(g(-3)) = f(-9) = \mathbf{2}(-9) + 5 = -18 + 5 = -13$

Tiempo de Prueba

Es hora de refinar tu habilidad con un examen de práctica

En esta sección, hay 2 pruebas completas de razonamiento matemático de HISET. Realice estas pruebas para ver qué puntaje podrá recibir en un examen de HISET real. Una vez que haya terminado, califique su prueba con la tecla de respuesta.

Antes de empezar

- Necesitarás un lápiz y una calculadora para tomar la prueba.
- Hay dos tipos de preguntas:
- Preguntas de opción múltiple: para cada una de estas preguntas, hay cuatro o más respuestas posibles. Elige cuál es el mejor.
- Preguntas de cuadrícula: para estas preguntas, escriba su respuesta en el cuadro provisto.
- Está bien adivinar. No perderás ningún punto si te equivocas.
- La prueba de razonamiento matemático HISET contiene una hoja de fórmulas, que muestra fórmulas relacionadas con la medición geométrica y ciertos conceptos de álgebra. Se proporcionan fórmulas a los examinados para que puedan centrarse en la aplicación, en lugar de la memorización, de las fórmulas.
- Una vez que haya terminado la prueba, revise la clave de respuesta para ver dónde se equivocó y qué áreas necesita mejorar.

Buena Suerte!

Prueba de Práctica de Razonamiento Matemático HISET 1

2023

Dos Partes

Número total de preguntas: 55

Tiempo total para ambas partes : 90 Minutos

Calculators are permitted for HiSET Math Test

Hoja de respuestas del examen de práctica de matemáticas HiSET

Retire (o fotocopie) esta hoja de respuestas y utilícela para completar la prueba de práctica.

Prueba de práctica de matemáticas HiSET 1 Hoja de respuestas

1	Ⓐ Ⓑ Ⓒ Ⓓ Ⓔ	21	Ⓐ Ⓑ Ⓒ Ⓓ Ⓔ	41	Ⓐ Ⓑ Ⓒ Ⓓ Ⓔ
2	Ⓐ Ⓑ Ⓒ Ⓓ Ⓔ	22	Ⓐ Ⓑ Ⓒ Ⓓ Ⓔ	42	Ⓐ Ⓑ Ⓒ Ⓓ Ⓔ
3	Ⓐ Ⓑ Ⓒ Ⓓ Ⓔ	23	Ⓐ Ⓑ Ⓒ Ⓓ Ⓔ	43	Ⓐ Ⓑ Ⓒ Ⓓ Ⓔ
4	Ⓐ Ⓑ Ⓒ Ⓓ Ⓔ	24	Ⓐ Ⓑ Ⓒ Ⓓ Ⓔ	44	Ⓐ Ⓑ Ⓒ Ⓓ Ⓔ
5	Ⓐ Ⓑ Ⓒ Ⓓ Ⓔ	25	Ⓐ Ⓑ Ⓒ Ⓓ Ⓔ	45	Ⓐ Ⓑ Ⓒ Ⓓ Ⓔ
6	Ⓐ Ⓑ Ⓒ Ⓓ Ⓔ	26	Ⓐ Ⓑ Ⓒ Ⓓ Ⓔ	46	Ⓐ Ⓑ Ⓒ Ⓓ Ⓔ
7	Ⓐ Ⓑ Ⓒ Ⓓ Ⓔ	27	Ⓐ Ⓑ Ⓒ Ⓓ Ⓔ	47	Ⓐ Ⓑ Ⓒ Ⓓ Ⓔ
8	Ⓐ Ⓑ Ⓒ Ⓓ Ⓔ	28	Ⓐ Ⓑ Ⓒ Ⓓ Ⓔ	48	Ⓐ Ⓑ Ⓒ Ⓓ Ⓔ
9	Ⓐ Ⓑ Ⓒ Ⓓ Ⓔ	29	Ⓐ Ⓑ Ⓒ Ⓓ Ⓔ	49	Ⓐ Ⓑ Ⓒ Ⓓ Ⓔ
10	Ⓐ Ⓑ Ⓒ Ⓓ Ⓔ	30	Ⓐ Ⓑ Ⓒ Ⓓ Ⓔ	50	Ⓐ Ⓑ Ⓒ Ⓓ Ⓔ
11	Ⓐ Ⓑ Ⓒ Ⓓ Ⓔ	31	Ⓐ Ⓑ Ⓒ Ⓓ Ⓔ	51	Ⓐ Ⓑ Ⓒ Ⓓ Ⓔ
12	Ⓐ Ⓑ Ⓒ Ⓓ Ⓔ	32	Ⓐ Ⓑ Ⓒ Ⓓ Ⓔ	52	Ⓐ Ⓑ Ⓒ Ⓓ Ⓔ
13	Ⓐ Ⓑ Ⓒ Ⓓ Ⓔ	33	Ⓐ Ⓑ Ⓒ Ⓓ Ⓔ	53	Ⓐ Ⓑ Ⓒ Ⓓ Ⓔ
14	Ⓐ Ⓑ Ⓒ Ⓓ Ⓔ	34	Ⓐ Ⓑ Ⓒ Ⓓ Ⓔ	54	Ⓐ Ⓑ Ⓒ Ⓓ Ⓔ
15	Ⓐ Ⓑ Ⓒ Ⓓ Ⓔ	35	Ⓐ Ⓑ Ⓒ Ⓓ Ⓔ	55	Ⓐ Ⓑ Ⓒ Ⓓ Ⓔ
16	Ⓐ Ⓑ Ⓒ Ⓓ Ⓔ	36	Ⓐ Ⓑ Ⓒ Ⓓ Ⓔ		
17	Ⓐ Ⓑ Ⓒ Ⓓ Ⓔ	37	Ⓐ Ⓑ Ⓒ Ⓓ Ⓔ		
18	Ⓐ Ⓑ Ⓒ Ⓓ Ⓔ	38	Ⓐ Ⓑ Ⓒ Ⓓ Ⓔ		
19	Ⓐ Ⓑ Ⓒ Ⓓ Ⓔ	39	Ⓐ Ⓑ Ⓒ Ⓓ Ⓔ		
20	Ⓐ Ⓑ Ⓒ Ⓓ Ⓔ	40	Ⓐ Ⓑ Ⓒ Ⓓ Ⓔ		

Hoja de Fórmulas

Perímetro/Circunferencia

Rectángulo

Perímetro = 2 (largo) + 2(ancho)

Círculo

Circunferencia = 2π(radio)

Área

Círculo

Área = $\pi(\text{radio})^2$

Triángulo

Área = $\frac{1}{2}$*(Base)(Altura)*

Paralelogramo

Área = (Base)(Altura)

Trapecio

Área = $\frac{1}{2}(\text{base}_1 + \text{base}_2)(\text{altura})$

Volumen

Prisma/Cilindro

Volumen = (Área de la base)(altura)

Piramide/Cono

Volumen = $\frac{1}{3}$(Área de la base)(altura)

Esfera

Volumen = $\frac{4}{3}\pi(radio)^3$

Largo

1 pie = 12 pulgadas

1 yarda = 3 pies

1 milla = 5280 pies

1 metro = 1000 milímetros

1 metro = 100 centímetros

1 kilómetro = 1000 metros

1 milla ≈ 1.6 kilómetros

1 pulgada = 2.54 centímetros

1 pie ≈ 0.3 metros

Capacidad/Volumen

1 taza = 8 onzas líquidas

1 pinta = 2 tazas

1 cuarto = 2 pintas

1 galón = 4 cuartos

1 galón = 231 pulgadas cúbicas

1 litro = 1000 mililítros

1 litro ≈ 0.264 galones

Peso

1 libra = 16 onzas

1 tonelada = 2000 libras

1 gramo = 1000 miligramos

1 kilogramo = 1000 gramos

1 kilogramo ≈ 2.2 libras

1 onza ≈ 28.3 gramos

1) La media de 50 puntuaciones de exámenes se calculó como 90. Pero resultó que una de las puntuaciones se interpretó erróneamente como 94 pero era 69. ¿Cuál es la media?

A. 25

B. 85.2

C. 87

D. 89.5

E. 90

2) Se lanzan dos dados simultáneamente, ¿cuál es la probabilidad de obtener una suma de 5 u 8?

A. $\frac{1}{3}$

B. $\frac{1}{4}$

C. $\frac{1}{16}$

D. $\frac{1}{36}$

E. $\frac{11}{36}$

3) En la siguiente figura, ¿cuál es el valor de x?

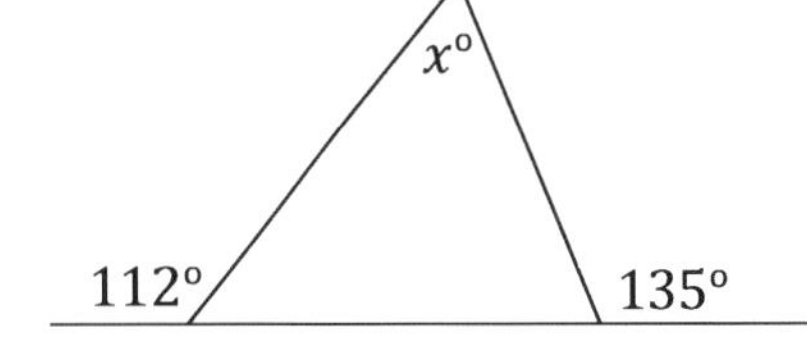

A. 45

B. 67

C. 68

D. 135

E. 180

4) ¿Cuál de las siguientes es igual a la siguiente expresión?

$$(5x + 2y)(2x - y)$$

A. $4x^2 - 2y^2$

B. $2x^2 + 6xy - 2y^2$

C. $24x^2 + 2xy - 2y^2$

D. $10x^2 - xy - 2y^2$

E. $8x^2 + 2xy - 2y^2$

5) ¿Cuál es el producto de todos los valores posibles de x en la siguiente ecuación?

$$|x - 10| = 4$$

A. 3

B. 7

C. 13

D. 84

E. 100

6) ¿Cuál es la pendiente de una recta que es perpendicular a la recta?

$$4x - 2y = 6$$

A. $-\frac{1}{2}$

B. -2

C. 4

D. 12

E. 14

7) ¿Cuál es el valor de la expresión $6(x - 2y) + (2 - x)^2$ cuando $x = 3$ y $y = -2$?

A. 12

B. 20

C. 43

D. 50

E. 80

8) Una piscina tiene 2500 pies cúbicos de agua. La piscina mide 25 pies de largo y 10 pies de ancho. ¿Qué tan profunda es la piscina?

A. 4 *pies*

B. 6 *pies*

C. 7 *pies*

D. 10 *pies*

E. 25 *pies*

9) La familia del Sr. Carlos está eligiendo un menú para su recepción. Tienen 2 opciones de aperitivos, 5 opciones de platos principales, 4 opciones de pastel. ¿Cuántas combinaciones diferentes de menú pueden elegir?

A. 12

B. 20

C. 32

D. 40

E. 60

10) ¿Cuatro reglas de un pie se pueden dividir entre cuántos usuarios para dejar a cada uno con $\frac{1}{3}$ de una regla?

A. 4

B. 6

C. 12

D. 24

E. 48

11) ¿Cuál es el área de un cuadrado cuya diagonal es 4?

A. 4

B. 8

C. 16

D. 64

E. 124

12) En el siguiente triángulo rectángulo, si los lados AB y BC se hacen dos veces más largos, ¿cuál será la razón entre el perímetro del triángulo y su área?

A. $\frac{1}{2}$

B. $\frac{1}{5}$

C. $\frac{3}{2}$

D. 1

E. 2

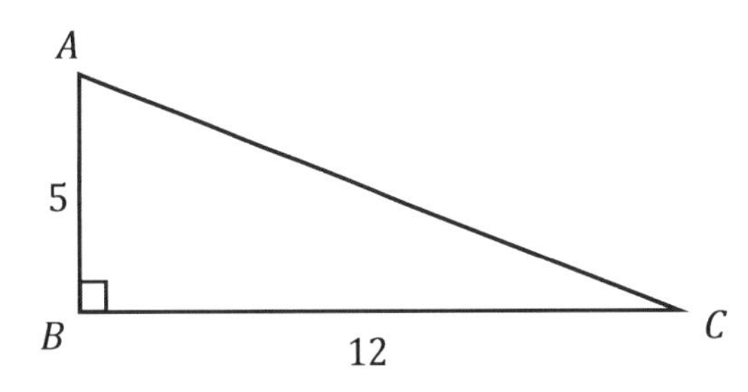

13) El promedio de cinco números es 26. Si se suma un sexto número 42,

entonces, ¿cuál es el nuevo promedio? (redondea tu respuesta a la centésima más cercana).

A. 25

B. 26.5

C. 27

D. 28.66

E. 36

14) La proporción de niños y niñas en una clase es de 4:7. Si hay 55 estudiantes en la clase, ¿cuántos niños más deben estar matriculados para hacer la razón 1: 1?

A. 8

B. 10

C. 15

D. 20

E. 35

15) El Sr. Jones ahorra $2,500 de su ingreso familiar mensual de $65,000. ¿Qué parte fraccionaria de sus ingresos ahorra?

A. $\frac{1}{11}$

B. $\frac{1}{15}$

C. $\frac{1}{26}$

D. $\frac{2}{15}$

E. $\frac{3}{25}$

16) Un equipo de fútbol tenía $20,000 para gastar en suministros. El equipo gastó $14,000 en balones nuevos. Los zapatos deportivos nuevos cuestan $110 cada uno. ¿Cuál de las siguientes desigualdades representa cuántos zapatos nuevos puede comprar el equipo?

A. $110x + 14{,}000 \leq 20{,}000$

B. $110x + 14{,}000 \geq 20{,}000$

C. $14{,}000x + 110 \leq 20{,}000$

D. $14{,}000x + 110 \geq 20{,}000$

E. $14{,}000x + 14000 \geq 20{,}000$

17) Jason necesita un promedio de 70% en su clase de escritura para aprobar. En sus primeros 4 exámenes, obtuvo puntajes de 68 %, 72 %, 85 % y 90 %. ¿Cuál es el puntaje mínimo que Jason puede obtener en su quinta y última prueba para aprobar?

A. 80%

B. 70%

C. 68%

D. 54%

E. 35%

18) Un niño crece $1\frac{1}{7}$ pulgadas en $\frac{1}{5}$ de un año. ¿Cuál sería su tasa de crecimiento anual en pulgadas por año?

A. $5\frac{7}{5}$

B. $5\frac{5}{7}$

C. $2\frac{1}{7}$

D. $1\frac{1}{12}$

E. $\frac{1}{12}$

19) Una empresa de construcción está construyendo un muro. La empresa puede construir 30 cm de pared por minuto. Después de 40 minutos, se completan $\frac{3}{4}$ de la pared. ¿Cuántos metros tiene la pared?

A. $4\,m$

B. $12\,m$

C. $16\,m$

D. $30\,m$

E. $40\,m$

20) Simplifica $7x^2y^3(2x^2y)^3 =$?

A. $14x^4y^6$

B. $14x^8y^6$

C. $56x^4y^6$

D. $56x^8y^6$

E. $96x^8$ ^{6}

21) Kim ganaba $55 por hora. John ganó un 10% menos que Kim. ¿Cuánto dinero ganó John en una hora?

A. $43.50

B. $45.50

C. $47.50

D. $49.50

E. $51.50

22) La semana pasada 25.000 aficionados asistieron a un partido de fútbol. Esta semana tres veces más compraron boletos, pero una sexta parte de ellos canceló sus boletos. ¿Cuántos asisten esta semana?

A. 48,000

B. 54,000

C. 62,500

D. 75,000

E. 84,000

23) ¿Cuál es el perímetro de un cuadrado que tiene un área de 49 pulgadas cuadradas?

A. 144 pulgadas

B. 64 pulgadas

C. 56 pulgadas

D. 48 pulgadas

E. 28 pulgadas

24) Si el área del siguiente rectángulo ABCD es 100 y E es el punto medio de AB, ¿cuál es el área de la parte sombreada?

A. 25

B. 50

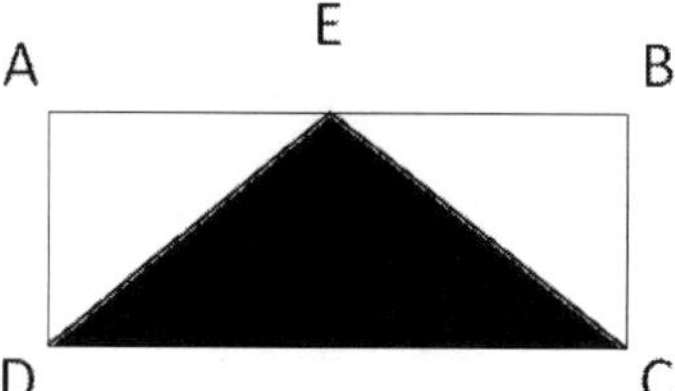

C. 75

D. 80

E. 100

25) El conjunto A contiene todos los números enteros del 15 al 160 inclusive, y el conjunto B contiene todos los números enteros del 74 al 180 inclusive. ¿Cuántos enteros están incluidos en A, pero no en B?

A. 53

B. 55

C. 57

D. 58

E. 59

26) ¿Cuál es la forma simplificada de $(x^3 + 5x^2 - 6x)+(8x^3 + x^2 + 8x)$?

A. $3x^3 + 4x^2 + 2x$

B. $5x^3 + 6x^2 - 2x$

C. $9x^3 - 4x^2 + 2x$

D. $9x^3 + 5x^2 - 48x$

E. $9x^3 + 6x^2 + 2x$

27) Si el par ordenado (-4,5) se refleja sobre el eje x, ¿cuál es el nuevo par ordenado?

A. $(4, 5)$

B. $(-4, 5)$

C. $(5, -4)$

D. $(5, 4)$

E. $(-4, -5)$

28) El cuadrado de un numero es $\frac{25}{49}$. ¿Cuál es el cubo de ese número?

A. $\frac{5}{8}$

B. $\frac{25}{254}$

C. $\frac{125}{343}$

D. $\frac{125}{64}$

E. $\frac{625}{64}$

29) Un taxista gana $9 por 1 hora de trabajo. Si trabaja 10 horas diarias y en 1 hora gasta 2 litros de gasolina a precio de $1 por 1 litro, ¿cuánto dinero gana en un día?

A. $90

B. $88

C. $70

D. $60

E. $20

30) Un barco de línea de cruceros salió del puerto A y viajó 50 millas hacia el este y luego 120 millas hacia el norte. En este punto, ¿cuál es la distancia más corta desde el crucero hasta el puerto A?

A. $70\ millas$

B. $80\ millas$

C. $130\ millas$

D. $150\ millas$

E. $230\ millas$

31) ¿Cuál es la temperatura equivalente de 104°F en Celsius?

$$C = \frac{5}{9}(F - 32)$$

A. 32

B. 40

C. 48

D. 52

E. 64

32) La bolsa de dulce o truco de Anita contiene 15 piezas de chocolate, 10 bombones, 10 piezas de chicle, 25 piezas de regaliz. Si al azar saca una golosina de su bolsa, ¿cuál es la probabilidad de que saque un bombón?

A. $\frac{1}{3}$

B. $\frac{1}{4}$

C. $\frac{1}{6}$

D. $\frac{1}{12}$

E. $\frac{1}{24}$

33) ¿Cuál es el término que falta en la sucesión dada?

$$3, 4, 6, 9, 13, 18, 24, \_\_, 39$$

A. 24

B. 26

C. 27

D. 28

E. 31

34) El perímetro de un patio rectangular es de 72 metros. ¿Cuál es su largo si su ancho es el doble de su largo?

A. 12 *meters*

B. 18 *meters*

C. 20 *meters*

D. 24 *meters*

E. 36 *meters*

35) ¿Cuántos enteros positivos satisfacen la desigualdad $x + 5 < 21$?

A. 10

B. 12

C. 14

D. 15

E. 17

Usa la siguiente tabla para responder la pregunta. La siguiente tabla muestra el número de canicas de diferentes colores en una bolsa.

36) También hay canicas moradas en la bolsa. ¿Cuál de las siguientes NO puede ser la probabilidad de seleccionar al azar una canica morada de la bolsa?

Color	Número de canicas
Blanco	20
Negro	30
Beige	40

A. $\frac{1}{10}$

B. $\frac{1}{4}$

C. $\frac{2}{5}$

D. $\frac{7}{15}$

E. $\frac{9}{15}$

37) ¿Cuál es la pendiente de la línea? $4x - 2y = 12$

A. -1

B. -2

C. 1

D. 1.5

E. 2

38) ¿Cuál es el volumen de una caja con las siguientes dimensiones?
Alto = 3 cm, Ancho = 5 cm, Largo = 6 cm

A. 15 cm^3

B. 60 cm^3

C. 90 cm^3

D. 120 cm^3

E. 240 cm^3

39) Simplifica la expresión. $(5x^3 - 8x^2 + 2x^4) - (4x^2 - 2x^4 + 2x^3)$

A. $4x^4 + 4x^3 + 12x^2$

B. $4x^4 + 3x^3 - 12x^2$

C. $10x^3 - 12x^2$

D. $8x^3 - 12x^2$

E. $4x^3 - 12x^2$

40) En dos años sucesivos, la población de un pueblo aumenta en un 10% y un 20%. ¿Qué porcentaje de la población aumenta después de dos años?

A. 30%

B. 32%

C. 35%

D. 68%

E. 70%

41) Simplifica: $(x^6)(x^3)$

A. x^3

B. x^4

C. x^6

D. x^9

E. x^{21}

42) La suma de seis enteros negativos diferentes es -70. Si el menor de estos enteros es -15, ¿cuál es el mayor valor posible de uno de los otros cinco enteros?

A. -15

B. -14

C. -10

D. -5

E. -1

43) Si el 20% de un número es 4, ¿cuál es el número?

A. 4

B. 8

C. 10

D. 20

E. 25

44) Si un árbol proyecta una sombra de 26 pies al mismo tiempo que una vara de medir de 3 pies proyecta una sombra de 2 pies, ¿cuál es la altura del árbol?

A. 24 ft

B. 28 ft

C. 39 ft

D. 48 ft

E. 52 ft

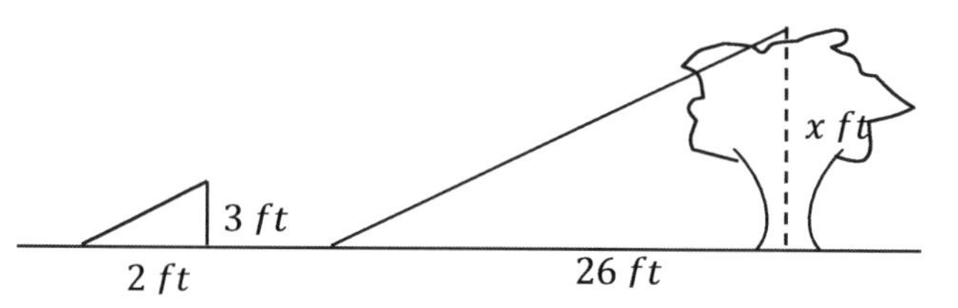

45) Jason dejó una propina de $12.00 en un almuerzo que costó $40.00, ¿aproximadamente qué porcentaje fue la propina?

A. 2.5%

B. 10%

C. 15%

D. 20%

E. 30%

46) Si el 50% de un número es 5, ¿cuál es el número?

A. 4

B. 8

C. 10

D. 12

E. 20

47) Si A es 4 veces B y A es 12, ¿cuál es el valor de B?

A. 3

B. 4

C. 6

D. 12

E. 18

48) Jason está 9 millas por delante de Joe corriendo a 6.5 millas por hora y Joe corre a la velocidad de 8 millas por hora. ¿Cuánto tiempo le toma a Joe atrapar a Jason?

A. 3 *horas*

B. 4 *horas*

C. 6 *horas*

D. 8 *horas*

E. 10 *horas*

49) 44 estudiantes tomaron un examen y 11 de ellos reprobaron. ¿Qué porcentaje de los estudiantes aprobaron el examen?

A. 20%

B. 40%

C. 60%

D. 75%

E. 90%

50) En la siguiente figura, MN es 40 cm. Qué tan largo es ON?

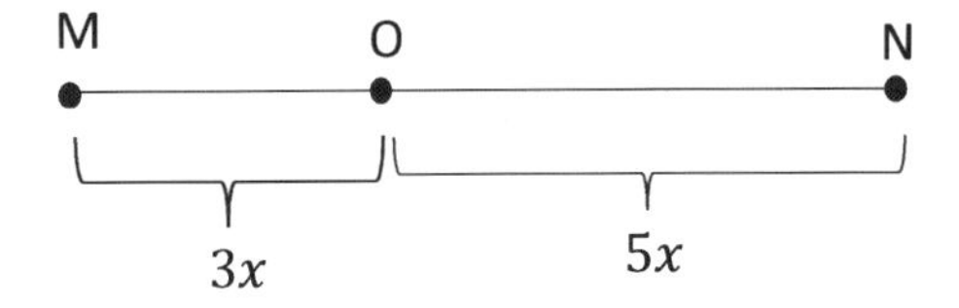

A. 25 *cm*

B. 20 *cm*

C. 15 *cm*

D. 10 *cm*

E. 5 *cm*

51) La siguiente tabla muestra la distribución de edad y género para 30 empleados en una empresa. Si se selecciona un empleado al azar, ¿cuál es la probabilidad de que el empleado seleccionado sea una mujer menor de 45 años o un hombre de 45 años o más?

A. $\frac{5}{6}$

B. $\frac{5}{30}$

C. $\frac{6}{30}$

D. $\frac{11}{30}$

E. $\frac{45}{30}$

Género	Por debajo de 45	45 o mayor	total
Male	12	6	18
Female	5	7	12
Total	17	13	30

52) La diagonal de un rectángulo mide 10 pulgadas de largo y la altura del rectángulo es de 6 pulgadas. ¿Cuál es el perímetro del rectángulo?

A. 10 *pulgadas*

B. 12 *pulgadas*

C. 16 *pulgadas*

D. 18 *pulgadas*

E. 28 *pulgadas*

53) El costo, en miles de dólares, de producir x miles de libros de texto es $C(x) = x^2 + 2x$. Los ingresos, también en miles de dólares, son $R(x) = 40x$. Encuentre la ganancia o pérdida si se producen 30 libros de texto. (Beneficio = ingresos – costo)

A. $2,160 beneficio

B. $2,160 pérdida

C. $1200 pérdida

D. $240 beneficio

E. $240 pérdida

54) Se extrae una carta al azar de una baraja estándar de 52 cartas, ¿cuál es la probabilidad de que la carta sea de corazones? (La baraja incluye 13 de cada palo, tréboles, diamantes, corazones y picas)

A. $\frac{1}{2}$

B. $\frac{1}{4}$

C. $\frac{1}{6}$

D. $\frac{1}{52}$

E. $\frac{1}{104}$

55) ¿Cuál de los siguientes muestra los números en orden descendente?

$$\frac{1}{3}, 0.68, 67\%, \frac{4}{5}$$

A. $67\%, 0.68, \frac{1}{3}, \frac{4}{5}$

B. $67\%, 0.68, \frac{4}{5}, \frac{1}{3}$

C. $0.68, 67\%, \frac{1}{3}, \frac{4}{5}$

D. $\frac{1}{3}, 67\%, 0.68, \frac{4}{5}$

E. $\frac{1}{3}, 67\%, \frac{4}{5}, 0.68$

Fin de la Prueba Práctica de Matemática HiSET 1

Prueba Práctica

de Matemáticas

HiSET 2

2023

Número total de preguntas: 55

Tiempo total (Calculadora): 90 minutos

Se permiten calculadoras para la prueba de matemáticas HiSET.

Hoja de respuestas del examen de práctica de matemáticas HiSET

Retire (o fotocopie) esta hoja de respuestas y utilícela para completar el examen de práctica.

Hoja de respuestas del examen de práctica de matemáticas HiSET 2

1	Ⓐ Ⓑ Ⓒ Ⓓ Ⓔ	21	Ⓐ Ⓑ Ⓒ Ⓓ Ⓔ	41	Ⓐ Ⓑ Ⓒ Ⓓ Ⓔ
2	Ⓐ Ⓑ Ⓒ Ⓓ Ⓔ	22	Ⓐ Ⓑ Ⓒ Ⓓ Ⓔ	42	Ⓐ Ⓑ Ⓒ Ⓓ Ⓔ
3	Ⓐ Ⓑ Ⓒ Ⓓ Ⓔ	23	Ⓐ Ⓑ Ⓒ Ⓓ Ⓔ	43	Ⓐ Ⓑ Ⓒ Ⓓ Ⓔ
4	Ⓐ Ⓑ Ⓒ Ⓓ Ⓔ	24	Ⓐ Ⓑ Ⓒ Ⓓ Ⓔ	44	Ⓐ Ⓑ Ⓒ Ⓓ Ⓔ
5	Ⓐ Ⓑ Ⓒ Ⓓ Ⓔ	25	Ⓐ Ⓑ Ⓒ Ⓓ Ⓔ	45	Ⓐ Ⓑ Ⓒ Ⓓ Ⓔ
6	Ⓐ Ⓑ Ⓒ Ⓓ Ⓔ	26	Ⓐ Ⓑ Ⓒ Ⓓ Ⓔ	46	Ⓐ Ⓑ Ⓒ Ⓓ Ⓔ
7	Ⓐ Ⓑ Ⓒ Ⓓ Ⓔ	27	Ⓐ Ⓑ Ⓒ Ⓓ Ⓔ	47	Ⓐ Ⓑ Ⓒ Ⓓ Ⓔ
8	Ⓐ Ⓑ Ⓒ Ⓓ Ⓔ	28	Ⓐ Ⓑ Ⓒ Ⓓ Ⓔ	48	Ⓐ Ⓑ Ⓒ Ⓓ Ⓔ
9	Ⓐ Ⓑ Ⓒ Ⓓ Ⓔ	29	Ⓐ Ⓑ Ⓒ Ⓓ Ⓔ	49	Ⓐ Ⓑ Ⓒ Ⓓ Ⓔ
10	Ⓐ Ⓑ Ⓒ Ⓓ Ⓔ	30	Ⓐ Ⓑ Ⓒ Ⓓ Ⓔ	50	Ⓐ Ⓑ Ⓒ Ⓓ Ⓔ
11	Ⓐ Ⓑ Ⓒ Ⓓ Ⓔ	31	Ⓐ Ⓑ Ⓒ Ⓓ Ⓔ	51	Ⓐ Ⓑ Ⓒ Ⓓ Ⓔ
12	Ⓐ Ⓑ Ⓒ Ⓓ Ⓔ	32	Ⓐ Ⓑ Ⓒ Ⓓ Ⓔ	52	Ⓐ Ⓑ Ⓒ Ⓓ Ⓔ
13	Ⓐ Ⓑ Ⓒ Ⓓ Ⓔ	33	Ⓐ Ⓑ Ⓒ Ⓓ Ⓔ	53	Ⓐ Ⓑ Ⓒ Ⓓ Ⓔ
14	Ⓐ Ⓑ Ⓒ Ⓓ Ⓔ	34	Ⓐ Ⓑ Ⓒ Ⓓ Ⓔ	54	Ⓐ Ⓑ Ⓒ Ⓓ Ⓔ
15	Ⓐ Ⓑ Ⓒ Ⓓ Ⓔ	35	Ⓐ Ⓑ Ⓒ Ⓓ Ⓔ	55	Ⓐ Ⓑ Ⓒ Ⓓ Ⓔ
16	Ⓐ Ⓑ Ⓒ Ⓓ Ⓔ	36	Ⓐ Ⓑ Ⓒ Ⓓ Ⓔ		
17	Ⓐ Ⓑ Ⓒ Ⓓ Ⓔ	37	Ⓐ Ⓑ Ⓒ Ⓓ Ⓔ		
18	Ⓐ Ⓑ Ⓒ Ⓓ Ⓔ	38	Ⓐ Ⓑ Ⓒ Ⓓ Ⓔ		
19	Ⓐ Ⓑ Ⓒ Ⓓ Ⓔ	39	Ⓐ Ⓑ Ⓒ Ⓓ Ⓔ		
20	Ⓐ Ⓑ Ⓒ Ⓓ Ⓔ	40	Ⓐ Ⓑ Ⓒ Ⓓ Ⓔ		

Formula Sheet

Perimeter / Circumference

Rectangle

$Perimeter = 2(length) + 2(width)$

Circle

$Circumference = 2\pi(radius)$

Area

Circle

$Area = \pi(radius)^2$

Triangle

$Area = \frac{1}{2}(base)(height)$

Parallelogram

$Area = (base)(height)$

Trapezoid

$Area = \frac{1}{2}(base_1 + base_2)(height)$

Volume

Prism/Cylinder

$Volume = (area\ of\ the\ base)(height)$

Pyramid/Cone

$Volume = \frac{1}{3}(area\ of\ the\ base)(height)$

Sphere

$Volume = \frac{4}{3}\pi(radius)^3$

Length

1 foot = 12 inches

1 yard = 3 feet

1 mile = 5,280 feet

1 meter = 1,000 millimeters

1 meter = 100 centimeters

1 kilometer = 1,000 meters

1 mile ≈ 1.6 kilometers

1 inch = 2.54 centimeters

1 foot ≈ 0.3 meter

Capacity / Volume

1 cup = 8 fluid ounces

1 pint = 2 cups

1 quart = 2 pints

1 gallon = 4 quarts

1 gallon = 231 cubic inches

1 liter = 1,000 milliliters

1 liter ≈ 0.264 gallon

Weight

1 pound = 16 ounces

1 ton = 2,000 pounds

1 gram = 1,000 milligrams

1 kilogram = 1,000 grams

1 kilogram ≈ 2.2 pounds

1 ounce ≈ 28.3 grams

1) Un par de zapatos con un precio original de $45.00 estaba a la venta con un 15% de descuento. Nick recibió un 20 % de descuento para empleados aplicado al precio de venta. ¿Cuánto pagó Nick por los zapatos?

A. $30.60

B. $34.50

C. $37.30

D. $38.25

E. $42.25

2) En una clase hay 18 niños y 12 niñas. ¿Cuál es la razón entre el número de niños y el número de niñas?

A. $1:2$

B. $1:3$

C. $2:3$

D. $3:1$

E. $3:2$

3) El sector sombreado del círculo que se muestra a continuación tiene un área de 12π pies cuadrados. ¿Cuál es la circunferencia del círculo?

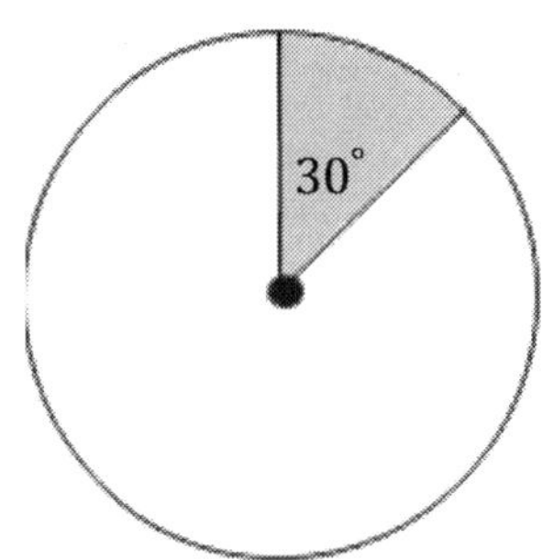

A. 24π *pies*

B. 36π *pies*

C. 81π *pies*

D. 124π *pies*

E. 180π *pies*

4) ¿Cuál de los siguientes es un factor de 45?

A. 7

B. 9

C. 11

D. 13

E. 14

5) ¿En qué porcentaje aumentó el precio de una camisa si su precio aumentó de $15,30 a $18,36?

A. 10%

B. 12%

C. 16%

D. 20%

E. 22%

6) El máximo común divisor de 32 yx es 8. ¿Cuántos valores posibles de x son mayores que 10 y menores que 60?

A. 1

B. 4

C. 6

D. 7

E. 9

7) Una caja contiene 6 dulces de fresa, 4 dulces de naranja y 3 dulces de plátano. Si Roberto selecciona 2 dulces al azar de esta caja, sin reemplazo, ¿cuál es la probabilidad de que ambos dulces no sean naranjas?

A. $\frac{1}{28}$

B. $\frac{2}{13}$

C. $\frac{6}{13}$

D. $\frac{1}{3}$

E. $\frac{2}{3}$

8) Cuántos enteros hay entre $\frac{7}{2}$ y $\frac{30}{4}$?

A. 3

B. 4

C. 6

D. 10

E. 12

9) En cierto estado, la tasa del impuesto sobre las ventas aumentó del 8% al 8,5%. ¿Cuál fue el aumento en el impuesto sobre las ventas en un artículo de $250?

A. $0.5

B. $1.00

C. $1.25

D. $1.90

E. $2.30

10) El triángulo ABC está graficado en una cuadrícula de coordenadas con vértices en A (–3,–2), B (–1,4) y C (7,9). El triángulo ABC se refleja sobre los ejes x para crear el triángulo A' B' C'. ¿Qué par de órdenes representa la coordenada de C'?

A. $(-7,-9)$

B. $(-7,9)$

C. $(7,-9)$

D. $(7,9)$

E. (9,7)

11) ¿Cuál de las siguientes es la solución de la siguiente desigualdad?

$$2x + 4 > 11x - 12.5 - 3.5x$$

A. $x < 3$

B. $x \leq 3$

C. $x > 3$

D. $x \leq 4$

E. $x \geq 4$

12) ¿Cuál es el volumen del siguiente prisma triangular?

A. $12\ m^3$

B. $24\ m^3$

C. $30\ m^3$

D. $32\ m^3$

E. $36\ m^3$

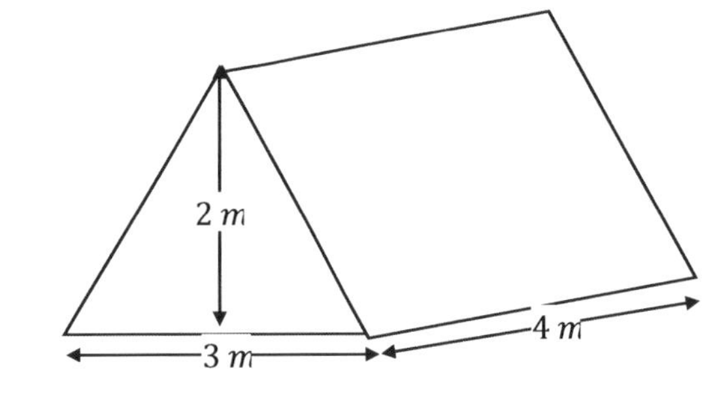

13) Hice una lista de todos los productos posibles de 2 números diferentes en el conjunto a continuación. ¿Qué fracción de los productos son impares?

$$\{1, 4, 6, 5, 7\}$$

A. $\frac{2}{5}$

B. $\frac{3}{10}$

C. $\frac{7}{10}$

D. $\frac{4}{15}$

E. $\frac{8}{17}$

14) ¿Cuál de las siguientes ecuaciones tiene una gráfica que es una línea recta?

A. $y = 3x^2 + 9$

B. $x^2 + y^2 = 1$

C. $4x - 2y = 2x$

D. $7x + 2xy = 6$

E. $x + 2 = y^2$

15) Si $5n$ es un número par positivo, ¿cuántos números impares hay en el rango de $5n$ hasta e incluyendo $5n + 6$?

A. 1

B. 2

C. 3

D. 4

E. 5

16) ¿Cuál es el valor de x en la siguiente ecuación?

$$\frac{2}{3}x + \frac{1}{6} = \frac{1}{3}$$

A. 6

B. $\frac{1}{2}$

C. $\frac{1}{3}$

D. $\frac{1}{4}$

E. $\frac{1}{12}$

17) Un banco ofrece un interés simple del 2,5% en una cuenta de ahorros. Si deposita $16,000, ¿cuánto interés ganará en tres años?

A. $610

B. $1,200

C. $2,400

D. $4,800

E. $6,400

18) Si $2x - 5y = 10$, ¿Qué es x en términos de y?

A. $x = \frac{5}{2}y + 5$

B. $x = \frac{2}{5}y + 10$

C. $x = -\frac{5}{2}y - 5$

D. $x = -\frac{5}{2}y + 5$

E. $x = \frac{2}{5}y - 10$

19) ¿Para qué valor de x es verdadera la proporción? $x: 40 = 20: 32$

A. 16

B. 25

C. 28

D. 32

E. 36

20) Cuando se les hizo una pregunta determinada en una encuesta, el 76% de las personas encuestadas respondió que sí. Si 66 personas no respondieron sí a esa pregunta, ¿cuál es el número total de personas que fueron encuestadas?

A. 75

B. 156

C. 245

D. 275

E. 325

21) ¿Qué porcentaje tiene un valor más cercano a 0.0099?

A. 0.1%

B. 1%

C. 2%

D. 9%

E. 100%

22) ¿Cuál es el área de la superficie del cilindro de abajo?

6 in.

8 in.

A. $48\pi\ in^2$

B. $57\pi\ in^2$

C. $66\pi\ in^2$

D. $288\pi\ in^2$

E. $400\pi\ in^2$

23) Un tren viaja 1,500 millas de Nueva York a Oklahoma. El tren cubre las primeras 280 millas en 4 horas. Si el tren sigue viajando a esta velocidad, ¿cuántas horas más tardará en llegar a la ciudad de Oklahoma? Redondea tu respuesta a la hora entera más cercana.

A. 12

B. 15

C. 17

D. 20

E. 22

24) ¿Cuál de las siguientes gráficas representa la solución de $|9 + 6x| \leq 3$?

A. 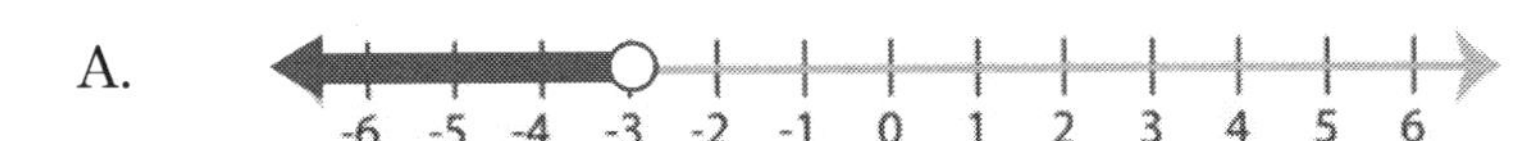

B. 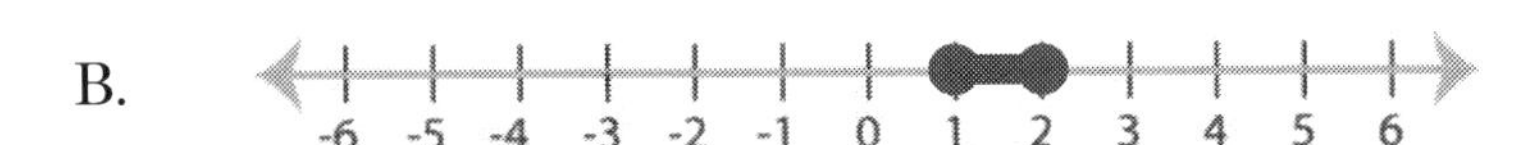

C. 

D. 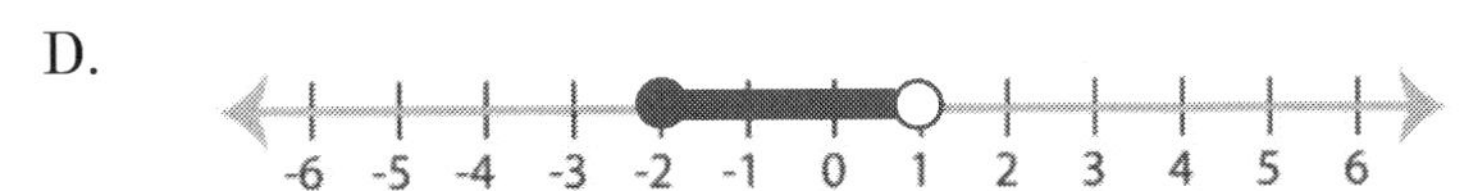

E.  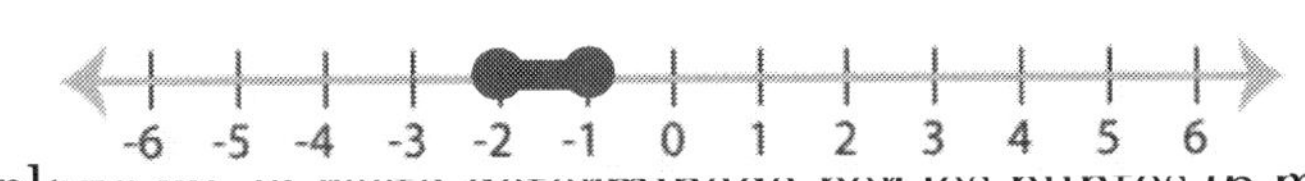

25) En el plano xy, la recta determinada por los puntos (6,m) y (m,12) pasa por el origen. ¿Cuál de los siguientes podría ser el valor de m?

A. 6

B. 9

C. 12

D. $\sqrt{6}$

E. $6\sqrt{2}$

26) ¿Cuál es el promedio de la circunferencia de la figura A y el área de la figura B? ($\pi = 3$)

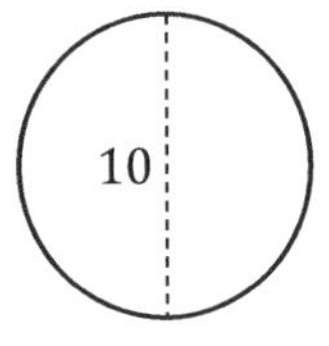
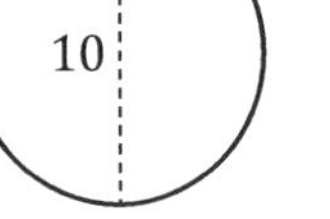

Figura A

Figura B

A. 100

B. 60

C. 45

D. 35

E. 10

27) El precio de venta de una computadora portátil es \$1,912.50, que es un 15% menos que el precio original. ¿Cuál es el precio original de la computadora

portátil?

A. 2,750

B. 2,250

C. 1,625.625

D. 956.25

E. 286.875

28) El diámetro de la rebanada semicircular dada es de 18 cm. ¿Cuál es el perímetro de la rebanada? (π = 3.14)

A. 56.52 cm

B. 46.26 cm

C. 27 cm

D. 18 cm

E. 9 cm

29) En un diagrama a escala, 0,15 pulgadas representa 150 pies. ¿Cuántas pulgadas representan 2.5 pies?

A. 0.001 in

B. 0.002 in

C. 0.0025 in

D. 0.01 in

E. 0.012 in

30) Si $\frac{3}{7}$ de Z es 54, cuál es el $\frac{2}{5}$ de Z?

A. 44.2

B. 46.3

C. 48.4

D. 50.4

E. 60.6

31) Un automóvil viaja a una velocidad de 72 millas por hora. ¿Qué distancia recorrerá en 8 horas?

A. 576

B. 540

C. 480

D. 432

E. 272

32) Si Sam gastó $60 en dulces y gastó el 25% del precio de venta de la propina, ¿cuánto gastó?

A. $66

B. $69

C. $72

D. $75

E. $77

33) ¿Cuál de los siguientes números tiene factores que incluyen el factor más pequeño (que no sea 1) de 95?

A. 25

B. 28

C. 32

D. 39

E. 45

34) $\frac{4^2+3^2+(-5)^2}{(9+10-11)^2} = ?$

A. $\frac{25}{32}$

B. $-\frac{25}{32}$

C. 56

D. −56

E. 64

35) El ángulo A y el ángulo B son suplementarios. La medida del ángulo A es 2 veces la medida del ángulo B. ¿Cuál es la medida del ángulo A en grados?

A. 100°

B. 120°

C. 140°

D. 160°

E. 170°

36) Si $x = -2$ en la siguiente ecuación, ¿cuál es el valor de y? $2x + 3 = \frac{y+6}{5}$

A. -9

B. -11

C. -13

D. -15

E. -17

37) Tomás mide 6 pies y 8,5 pulgadas de alto y Alex mide 5 pies y 3 pulgadas de alto. ¿Cuál es la diferencia de altura, en pulgadas, entre Alex y Tomás?

A. 2.5

B. 7.5

C. 12.5

D. 17.5

E. 19.5

38) Simplifica: $\frac{\left(\frac{40(x+1)}{4}\right)-10}{12}$

A. $\frac{3}{7}x$

B. $\frac{5}{6}x$

C. $\frac{5}{12}x$

D. $\frac{12}{5}x$

E. $\frac{12}{7}x$

39) Ayer Kylie escribe el 10% de su tarea. Hoy ella escribe otro 18% de toda la tarea. ¿Qué fracción de la tarea le queda por escribir?

A. $\frac{4}{25}$

B. $\frac{7}{25}$

C. $\frac{10}{25}$

D. $\frac{18}{25}$

E. $\frac{21}{25}$

40) En una caja de bolígrafos azules y amarillos, la razón de bolígrafos amarillos a bolígrafos azules es 2:3. Si la caja contiene 9 bolígrafos azules, ¿cuántos bolígrafos amarillos hay?

A. 2

B. 3

C. 4

D. 5

E. 6

41) ¿A que decimal equivale $-\frac{6}{9}$?

A. $-0.\overline{5}$

B. $-0.\overline{6}$

C. $-0.\overline{65}$

D. $-0.\overline{7}$

E. $-0.\overline{75}$

42) El área de un círculo es 81π. ¿Cuál es el diámetro del círculo?

A. 8

B. 10

C. 14

D. 16

E. 18

43) Hace cinco años, Amy tenía tres veces la edad de Mike. Si Mike tiene 10 años ahora, ¿cuántos años tiene Amy?

A. 4

B. 8

C. 12

D. 14

E. 20

44) ¿Cuántos factores pares positivos de 68 son mayores que 26 y menores que 60?

A. 0

B. 1

C. 2

D. 4

E. 6

45) La razón de dos lados de un paralelogramo es 2:3. Si su perímetro es de 40 cm, halla la longitud de sus lados.

A. 6 cm, 12 cm

B. 8 cm, 12 cm

C. 10 cm, 14 cm

D. 12 cm, 16 cm

E. 14 cm, 18 cm

46) ¿Cuál es el valor de x en la siguiente ecuación? $\frac{3}{4}(x-2)=3(\frac{1}{6}x-\frac{3}{2})$

A. $\frac{1}{4}$

B. $-\frac{3}{4}$

C. -3

D. 6

E. -12

47) Si x puede ser cualquier número entero, ¿cuál es el mayor valor posible de la expresión?
$2 - x^2$?

A. -1

B. 0

C. 2

D. 3

E. 4

48) Una tienda tiene un contenedor de balones de mano: 6 verdes, 5 azules, 8 blancos y 10 amarillos. Si se extrae una bola del recipiente al azar, ¿cuál es la probabilidad de que sea verde?

A. $\frac{1}{5}$

B. $\frac{6}{11}$

C. $\frac{6}{29}$

D. $\frac{8}{25}$

E. $\frac{11}{25}$

49) En la siguiente figura, F es el punto medio de EH. ¿Qué segmento tiene una longitud de 2y-x centímetros?

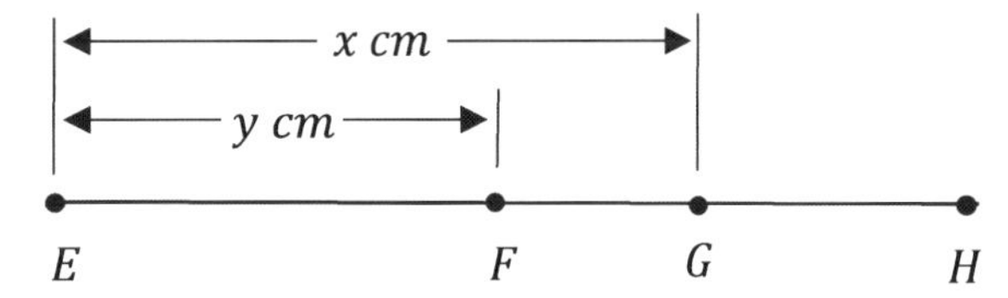

A. EF

B. GH

C. EG

D. FH

E. EG

50) Emma respondió incorrectamente a 9 de las 45 preguntas de un examen. ¿Qué porcentaje de las preguntas respondió correctamente?

A. 10%

B. 40%

C. 68%

D. 80%

E. 92%

51) Si el 30% de un número es 12, ¿cuál es el número?

A. 12

B. 25

C. 40

D. 45

E. 50

52) Si Anna multiplica su edad por 5 y luego suma 3, obtendrá un número igual a la edad de su madre. Si x es la edad de su madre, ¿cuál es la edad de Anna en términos de x?

A. $\frac{x-3}{5}$

B. $\frac{x-5}{3}$

C. $3x + 5$

D. $5x - 3$

E. $x - 3$

53) Jason está 15 millas por delante de Joe corriendo a 4.5 millas por hora y Joe corre a una velocidad de 7 millas por hora. ¿Cuánto tiempo le toma a Joe atrapar a Jason?

A. 3 *horas*

B. 4 *horas*

C. 6 *horas*

D. 8 *horas*

E. 10 $horas$

54) El recíproco de $\frac{3}{5}$ se suma al recíproco de $\frac{1}{4}$.. ¿Cuál es el recíproco de esta suma?

A. $\frac{3}{5}$

B. $\frac{5}{3}$

C. $\frac{3}{17}$

D. $\frac{17}{3}$

E. $\frac{19}{3}$

55) En el siguiente paralelogramo, encuentre el valor de x?

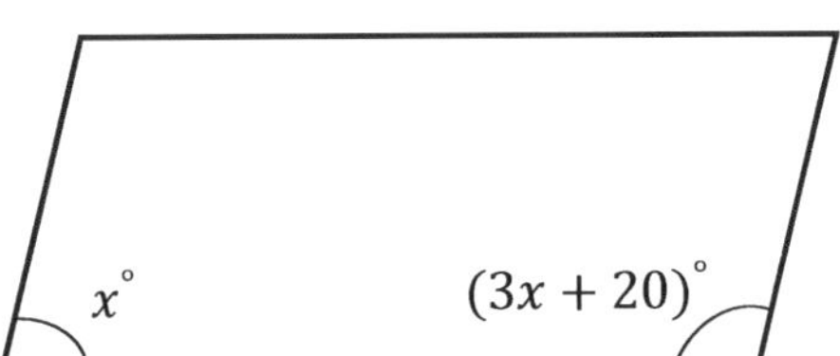

A. 40

B. 45

C. 50

D. 55

A. E. 60

Fin de la Prueba Práctica de Matemática HiSET 2

Claves de Respuestas de las Pruebas Prácticas de Matemáticas HiSET

Ahora es el momento de revisar sus resultados para ver dónde se equivocó y qué áreas necesita mejorar.

Prueba de práctica de HiSET 1						Prueba de práctica de HiSET 2					
1	D	**21**	D	**41**	D	**1**	A	**21**	A	**41**	B
2	B	**22**	C	**42**	D	**2**	E	**22**	C	**42**	E
3	B	**23**	E	**43**	D	**3**	A	**23**	C	**43**	E
4	D	**24**	B	**44**	C	**4**	B	**24**	E	**44**	B
5	D	**25**	E	**45**	E	**5**	D	**25**	E	**45**	B
6	A	**26**	E	**46**	C	**6**	B	**26**	C	**46**	E
7	C	**27**	E	**47**	A	**7**	C	**27**	B	**47**	C
8	D	**28**	C	**48**	C	**8**	B	**28**	B	**48**	C
9	D	**29**	C	**49**	D	**9**	C	**29**	C	**49**	B
10	C	**30**	C	**50**	A	**10**	C	**30**	D	**50**	D
11	B	**31**	B	**51**	D	**11**	A	**31**	A	**51**	C
12	A	**32**	C	**52**	E	**12**	A	**32**	D	**52**	A
13	D	**33**	E	**53**	D	**13**	B	**33**	E	**53**	C
14	C	**34**	A	**54**	B	**14**	C	**34**	A	**54**	C
15	C	**35**	D	**55**	D	**15**	C	**35**	B	**55**	A
16	A	**36**	D			**16**	D	**36**	B		
17	E	**37**	E			**17**	B	**37**	D		
18	B	**38**	C			**18**	A	**38**	B		
19	C	**39**	B			**19**	B	**39**	D		
20	D	**40**	B			**20**	D	**40**	E		

Respuestas y Explicaciones de las Pruebas Prácticas de Matemáticas HiSET

Prueba de Práctica de Matemáticas HiSET 1 Respuestas y Explicaciones

1) La opción D es correcta

$promedio\ (media) = \frac{suma\ de\ términos}{número\ de\ términos} \Rightarrow 90 = \frac{suma\ de\ términos}{50} \Rightarrow suma = 90 \times 50 = 4{,}500$

La diferencia de 94 y 69 es 25. Por lo tanto, se debe restar 25 de la suma.

$4{,}500 - 25 = 4475,\ media = \frac{suma\ de\ términos}{número\ de\ términos} \Rightarrow media = \frac{4{,}475}{50} = 89.5$

2) La opción B es correcta

Para la suma de 5: (1 y 4) y (4 y 1), (2 y 3) y (3 y 2), por lo tanto, tenemos 4 opciones.

Para la suma de 8: (5 y 3) y (3 y 5), (4 y 4) y (2 y 6), y (6 y 2), tenemos 5 opciones. Para obtener una suma de 5 u 8 para dos dados: 4+5=9. Como tenemos 6×6=36 número total de opciones, la probabilidad de obtener una suma de 5 y 8 es 9 de 36 o $\frac{9}{36} = \frac{1}{4}$

3) La opción B es correcta

Primero, encuentra los ángulos α y β. Los ángulos 112 y a son suplementarios. Entonces:

$a + 112 = 180 \rightarrow \alpha = 180° - 112° = 68°$

Los ángulos 135 y β también son suplementarios. $\beta = 180° - 135° = 45°$

La suma de todos los ángulos de un triángulo es 180 grados. Entonces:

$x + \alpha + \beta = 180° \rightarrow x = 180° - 68° - 45° = 67°$

4) La opción D es correcta

Usa el método FOIL $(5x + 2y)(2x - y) =$

$10x^2 - 5xy + 4xy - 2y^2 = 10x^2 - xy - 2y^2$

5) La opción D es correcta

Para resolver ecuaciones con valores absolutos, escribe dos ecuaciones. $x - 10$ Podría ser positivo 4, o negativo 4. Por lo tanto, $x - 10 = 4 \Rightarrow x = 14$, $x - 10 = -4 \Rightarrow x = 6$. Encuentre el producto de las soluciones: $6 \times 14 = 84$

6) La opción A es correcta

La ecuación de una línea en forma de intersección de pendiente es: $y = \mathrm{m}x + b$. Resuelve para y.

$4x - 2y = 6 \Rightarrow -2y = 6 - 4x \Rightarrow y = (6 - 4x) \div (-2) \Rightarrow y = 2x - 3$. La pendiente es 2.

La pendiente de la recta perpendicular a esta recta es:

$m_1 \times m_2 = -1 \Rightarrow 2 \times m_2 = -1 \Rightarrow m_2 = -\frac{1}{2}$

7) La opción C es correcta

Introduce el valor de x y y. $x = 3$ y $y = -2$.

$6(x - 2y) + (2 - x)^2 = 6(3 - 2(-2)) + (2 - 3)^2 = 6(3 + 4) + (-1)^2 = 42 + 1 = 43$

8) La opción D es correcta

Use la fórmula del volumen del prisma rectangular. $V = (largo)(ancho)(altura) \Rightarrow$

$2{,}500 = (25)(10)(altura) \Rightarrow altura = 2{,}500 \div 250 = 10$

9) La opción D es correcta

Para encontrar el número de posibles combinaciones de atuendos, multiplique el número de opciones para cada factor: $2 \times 5 \times 4 = 40$

10) La opción C es correcta

$4 \div \frac{1}{3} = 12$

11) La opción B es correcta

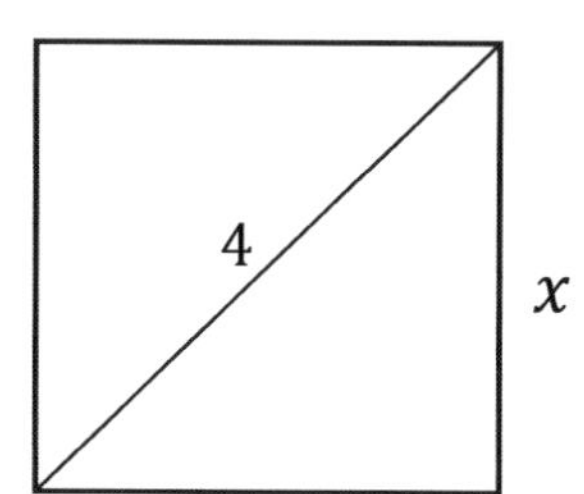

La diagonal del cuadrado es 4. Sea x el lado. Usa el teorema de Pitágoras: $a^2 + b^2 = c^2$

$x^2 + x^2 = 4^2 \Rightarrow 2x^2 = 4^2 \Rightarrow 2x^2 = 16 \Rightarrow x^2 = 8 \Rightarrow x = \sqrt{8}$

El area del cuadrado es: $\sqrt{8} \times \sqrt{8} = 8$

12) La opción A es correcta

$AB = 5$ y $BC = 12$, $AC = \sqrt{12^2 + 5^2} = \sqrt{144 + 25} = \sqrt{169} = 13$

Perímetro $= 5 + 12 + 13 = 30$, Area $= \frac{5 \times 12}{2} = 5 \times 6 = 30$

En este caso, la razón del perímetro del triángulo a su área es: $\frac{30}{30} = 1$

Si los lados AB y BC se hacen dos veces más largos, entonces: $AB = 10$ y $BC = 24$

$AC = \sqrt{24^2 + 10^2} = \sqrt{576 + 100} = \sqrt{676} = 26$

Perímetro $= 26 + 24 + 10 = 60$, Área $= \frac{10 \times 24}{2} = 10 \times 12 = 120$

En este caso la razón del perímetro del triángulo a su área es: $\frac{60}{120} = \frac{1}{2}$

13) La opción D es correcta

Resuelve para la suma de cinco numeros.

$media = \frac{suma\ de\ términos}{número\ de\ términos} \Rightarrow 26 = \frac{suma\ de\ 5\ números}{5} \Rightarrow suma\ de\ 5\ numeros = 26 \times 5 = 130$

La suma de 5 números es 130. Si se suma un sexto número 42, entonces la suma de 6 números es $130 + 42 = 172 \Rightarrow media = \frac{suma\ de\ términos}{número\ de\ términos} = \frac{172}{6} = 28.66$

14) La opción C es correcta

La razón de niño a niña es 4:7. Por lo tanto, hay 4 niños de 11 estudiantes. Para encontrar la respuesta, primero divide el número total de estudiantes por 11, luego multiplica el resultado por 4. 55÷11=5⇒5×4=20. Hay 20 niños y 35 (55-20) niñas. Entonces, se deben inscribir 15 niños más para hacer la proporción. $1:1$

15) La opción C es correcta

2,500 de 65,000 es igual a $\frac{2{,}500}{65{,}000} = \frac{25}{650} = \frac{1}{26}$

16) La opción A es correcta

Sea x el número de zapatos que puede comprar el equipo. Por lo tanto, el equipo puede comprar 110x.

El equipo tenía $20,000 y gastó $14,000. Ahora el equipo puede gastar en zapatos nuevos $6,000 como máximo. Ahora escribe la desigualdad: $110x + 14{,}000 \leq 20{,}000$

17) La opción E es correcta

Jason necesita un promedio del 70% para aprobar cinco exámenes. Por lo tanto, la suma de 5 exámenes debe ser al menos 5×70=350. La suma de 4 exámenes es: $68 + 72 + 85 + 90 = 315$

El puntaje mínimo que Jason puede obtener en su quinta y última prueba para aprobar es:

$350 - 315 = 35$

18) La opción B es correcta

Establece una proporción para resolver.

$\frac{1\frac{1}{7}\ in}{\frac{1}{5}\ yr} = \frac{x\ in}{1\ yr} \rightarrow 1\frac{1}{7} = \frac{1}{5}x \rightarrow \frac{8}{7} = \frac{1}{5}x \rightarrow \left(\frac{5}{1}\right)\left(\frac{8}{7}\right) = x \rightarrow x = \frac{40}{7} \rightarrow x = 5\frac{5}{7}$

19) La opción C es correcta

La tarifa de la empresa constructora. $= \frac{30\ cm}{1\ min} = 30\frac{cm}{min}$

La altura de la pared después de 40 minutos. $= \frac{30\ cm}{1\ min} \times 40\ min = 1{,}200\ cm$

Sea x la altura de la pared, entonces $\frac{3}{4}x = 1{,}200\ cm \rightarrow x = \frac{4\times 1{,}200}{3} \rightarrow x = 1{,}600\ cm = 16\ m$

20) La opción D es correcta

Simplifica. $7x^2y^3(2x^2y)^3 = 7x^2y^3(8x^6y^3) = 56x^8y^6$

21) La opción D es correcta

Si los ingresos de Kim =100 %, los ingresos de John son el 90 % de los ingresos de Kim. Entonces:

$0.90 \times 55 = 49.50$

22) La opción C es correcta

El triple de 25.000 es 75.000. Una sexta parte de ellos canceló sus boletos. Un sexto de 75.000 es igual a 12.500 ($\frac{1}{6} \times 75{,}000 = 12{,}500$). 62,500 ($75{,}000 - 12{,}000 = 62{,}500$) fanáticos asistirán esta semana.

23) La opción E es correcta

El área del cuadrado es de 49 pulgadas. Por lo tanto, el lado del cuadrado es la raíz cuadrada del área: $\sqrt{49} = 7$ pulgadas.

El cuádruple del lado del cuadrado es el perímetro: $4 \times 7 = 28\ pulgadas$

24) La opción B es correcta

Como E es el punto medio de AB, entonces el área de todos los triángulos DAE, DEF, CFE y CBE son iguales. Sea x el área de uno de los triángulos, entonces: $4x = 100 \rightarrow x = 25$

El área de $DEC = 2x = 2(25) = 50$

25) La opción E es correcta

Los números enteros que están incluidos en el Conjunto A pero no en el Conjunto B son del 15 al 73. (Observe que el 74 está incluido en el Conjunto B). Para calcular el número de números enteros entre 15 y 73, inclusive, reste los dos puntos finales y súmelos 1. (Se debe sumar uno porque los puntos finales se cuentan en el total) $73 - 15 + 1 = 59$

26) La opción E es correcta

Combinar términos semejantes: $(x^3 + 5x^2 - 6x) + (8x^3 + x^2 + 8x) =$

$(x^3 + 8x^3) + (5x^2 + x^2) + (-6x + 8x) = 9x^3 + 6x^2 + 2x$

27) La opción E es correcta

Como el par ordenado se refleja sobre el eje x, entonces, el valor de x del punto no cambia y el signo de y cambia. $(-4, 5) \Rightarrow (-4, -5)$

28) La opción C es correcta

El cuadrado de un numero es $\frac{25}{49}$, entonces el número es la raíz cuadrada de $\frac{25}{49}$.

$\sqrt{\frac{25}{49}} = \frac{5}{7}$. El cubo del numero es: $(\frac{5}{7})^3 = \frac{125}{343}$

29) La opción C es correcta

$\$9 \times 10 = \$90$, Uso del Petroleo: $10 \times 2 = 20$ litros

Costo del Petroleo: $20 \times \$1 = \$20$, Dinero ganado: $\$90 - \$20 = \$70$

30) La opción C es correcta

Usa la información provista en la pregunta para dibujar la forma.

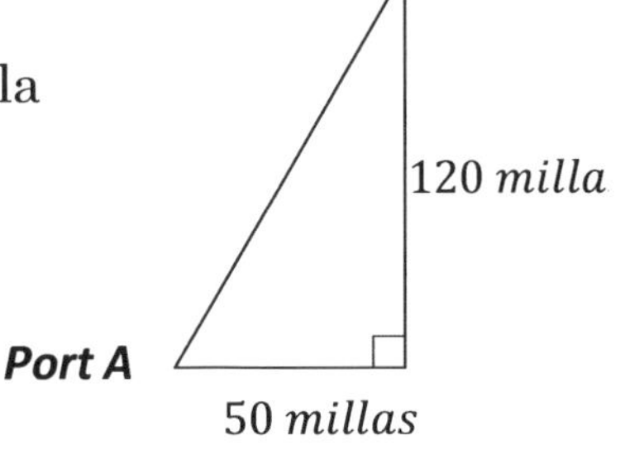

Usa el teorema de Pitágoras: $a^2 + b^2 = c^2$

$50^2 + 120^2 = c^2 \Rightarrow 2{,}500 + 14{,}400 = c^2 \Rightarrow c^2 = 16{,}900 \Rightarrow$

$c = 130\ millas$

31) La opción B es correcta

Enchufe 104 para F y luego resuelve para C.

$$C = \frac{5}{9}(F - 32) \Rightarrow C = \frac{5}{9}(104 - 32) \Rightarrow C = \frac{5}{9}(72) = 40$$

32) La opción C es correcta

$Probabilidad = \frac{número\ de\ resultados\ deseados}{número\ de\ resultados\ totales} = \frac{10}{15+10+10+25} = \frac{10}{60} = \frac{1}{6}$

33) La opción E es correcta

Encuentra la diferencia de cada par de números: $3, 4, 6, 9, 13, 18, 24, \_\_, 39$

La diferencia de 3 y 4 es 1, 4 y 6 es 2, 6 y 9 es 3, 9 y 13 es 4, 13 y 18 es 5, 18 y 24 es 6,24 y el próximo número debe ser 7. El número es $24 + 7 = 31$

34) La opción A es correcta

El ancho del rectángulo es el doble de su largo. Sea x la longitud. Entonces, ancho= $2x$

El perímetro del rectángulo es 2 (ancho + largo)= $2(2x + x) = 72 \Rightarrow 6x = 72 \Rightarrow$

$x = 12$. la longitud del rectangulo es de 12 metros.

35) La opción D es correcta

Primero, simplifica la desigualdad: $x + 5 < 21 \rightarrow x < 16$

Los enteros positivos que satisfacen la desigualdad son 1,2,3,...,14,15. (No podemos incluir 16 porque x debe ser menor que 16) 15 enteros positivos satisfacen esta desigualdad.

36) La opción D es correcta

Sea x el número de canicas moradas. Revisemos las opciones proporcionadas:

A. $\frac{1}{10}$, si la probabilidad de sacar una canica morada es uno de diez, entonces:

$$Probabilidad = \frac{número\ de\ resultados\ deseados}{número\ de\ resultados\ totales} = \frac{x}{20 + 30 + 40 + x} = \frac{1}{10}$$

Utilice la multiplicación cruzada y resuelve para x. $10x = 90 + x \rightarrow 9x = 90 \rightarrow x = 10$

Dado que el número de canicas moradas puede ser 10, entonces, la opción A puede ser la probabilidad de seleccionar al azar una canica morada de la bolsa. Use el mismo método para otras opciones.

B. $\frac{1}{4} \rightarrow \frac{x}{20+30+40+x} = \frac{1}{4} \rightarrow 4x = 90 + x \rightarrow 3x = 90 \rightarrow x = 30$

C. $\frac{2}{5} \rightarrow \frac{x}{20+30+40+x} = \frac{2}{5} \rightarrow 5x = 180 + 2x \rightarrow 3x = 180 \rightarrow x = 60$

D. $\frac{7}{15} \rightarrow \frac{x}{20+30+40+x} = \frac{7}{15} \rightarrow 15x = 630 + 7x \rightarrow 8x = 630 \rightarrow x = 78.75$

E. $\frac{9}{15} \rightarrow \frac{x}{20+30+40+x} = \frac{9}{15} \rightarrow 15x = 810 + 9x \rightarrow 6x = 810 \rightarrow x = 135$

El número de canicas moradas no puede ser un decimal. Por lo tanto, la opción D NO puede ser la probabilidad de seleccionar al azar una canica morada de la bolsa.

37) La opción E es correcta

Resuelve para $y.4x - 2y = 12 \Rightarrow -2y = 12 - 4x \Rightarrow y = 2x - 6$. La pendiente de la recta es 2.

38) La opción C es correcta

$Volumen\ de\ una\ caja = largo \times ancho \times altura = 3 \times 5 \times 6 = 90$

39) La opción B es correcta

Simplificar y combinar términos similares.$(5x^3 - 8x^2 + 2x^4) - (4x^2 - 2x^4 + 2x^3) =$

$(5x^3 - 8x^2 + 2x^4) - 4x^2 + 2x^4 - 2x^3 = 4x^4 + 3x^3 - 12x^2$

40) La opción B es correcta

La población se incrementa en un 10% y un 20%. Un aumento del 10 % cambia la población al 110 % de la población original. Para el segundo aumento, multiplique el resultado por 120%.

$(1.10) \times (1.20) = 1.32 = 132\%$.

El 32 por ciento de la población aumenta después de dos años.

41) La opción D es correcta

La "regla del producto" de los exponentes dice que, al multiplicar dos potencias que tienen la misma base, se pueden sumar los exponentes:$(x^6)(x^3) = x^{6+3} = x^9$

42) La opción D es correcta

El número más pequeño es -15. Para encontrar el mayor valor posible de uno de los otros cinco enteros, debemos elegir los enteros más pequeños posibles para cuatro de ellos. Sea x el numero mas grande. Entonces: $-70 = (-15) + (-14) + (-13) + (-12) + (-11) + x \rightarrow -70 = -65 + x \rightarrow x = -70 + 65 = -5$

43) La opción D es correcta

Si el 20% de un numero es 4 cual es el numero: $20\%\ of\ x = 4 \Rightarrow 0.20x = 4 \Rightarrow$

$x = 4 \div 0.20 = 20$

44) La opción C es correcta

Escribe una proporción y resuelve para x. $\frac{3}{2}=\frac{x}{26}\Rightarrow 2x=3\times 26\Rightarrow x=39\,ft$

45) La opción E es correcta

$12 es qué porcentaje de $40? $\rightarrow 12\div 40=0.30=30\%$

46) La opción C es correcta

Sea x el número. Escribe la ecuación y resuelve para x.

$50\%\ de\ x=5\Rightarrow 0.50x=5\Rightarrow x=5\div 0.50=10$

47) La opción A es correcta

$A\ es\ 4\ veces\ B, entonces: A=4B\Rightarrow (A=12)12=4\times B\Rightarrow B=12\div 4=3$

48) La opción C es correcta

La distancia entre Jason y Joe es de 9 millas. Jason corre a 6.5 millas por hora y Joe corre a una velocidad de 8 millas por hora. Por lo tanto, cada hora la distancia es 1,5 millas menos. 9÷1.5 = 6 horas

49) La opción D es correcta

La tasa de fallas es 11 de 44 = 11/44, cambie la fracción a porcentaje: 11/44 × 100% = 25%. El 25 por ciento de los estudiantes reprobaron. Por lo tanto, el 75 por ciento de los estudiantes aprobaron el examen.

50) La opción A es correcta

La longitud de MN es igual a: $3x+5x=8x$. Entonces: $8x=40\rightarrow x=\frac{40}{8}=5$

La longitud de ON es igual a: $5x=5\times 5=25\ cm$

51) La opción D es correcta

De los 30 empleados, hay 5 mujeres menores de 45 años y 6 hombres de 45 años o más. Por lo tanto, la probabilidad de que la persona seleccionada sea una mujer menor de 45 años o un hombre de 45 años o más es: $\frac{5}{30}+\frac{6}{30}=\frac{11}{30}$

52) La opción E es correcta

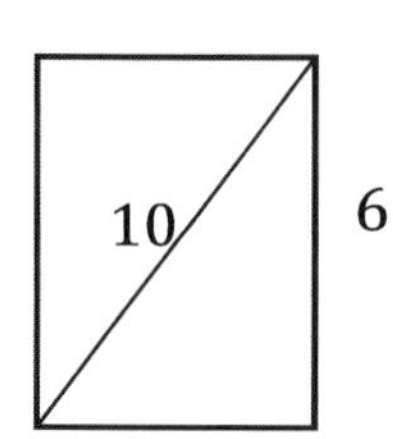

Sea x el ancho del rectángulo. Usa el teorema de Pitágoras:

$a^2+b^2=c^2$

$x^2+6^2=10^2\Rightarrow x^2+36=100\Rightarrow x^2=100-36\Rightarrow x^2=64\Rightarrow x=8$

Perímetro del rectángulo $= 2(largo + ancho) = 2(8 + 6) = 2(14) = 28$

53) La opción D es correcta

Introduce el valor de x=30 en ambas ecuaciones. Entonces: $C(x) = x^2 + 2x =$

$(30)^2 + 2(30) = 900 + 60 = 960.$ $R(x) = 40x = 40 \times 30 = 1{,}200 \rightarrow 1{,}200 - 960 =$ 240

La ganancia de producir 30 libros de texto es $240.

54) La opción B es correcta

La probabilidad de elegir un Corazones es: $\frac{13}{52} = \frac{1}{4}$

55) La opción D es correcta

Cambia los números a decimal y luego compara.

$\frac{1}{3} = 0.333 \ldots, 0.68\,,\ 67\% = 0.67, \frac{4}{5} = 0.80$

Por lo tanto $\frac{1}{3} < 67\% < 0.68 < \frac{4}{5}$

Prueba Práctica de Matemática HiSET 2 Respuestas y Explicaciones

1) La opción A es correcta

Primero, encuentre el precio de venta. El 15% de $45,00 es $6,75, por lo que el precio de venta es $45,00-$6,75 = $38,25. A continuación, encuentre el precio después del descuento para empleados de Nick. $20\% \times \$38.25 = \$7.65$, Entonces, el precio final de los zapatos es $\$38.25 - \$7.65 = \$30.60$.

2) La opción E es correcta

Escribe los números en la razón y simplifica: $18:12 \rightarrow 3:2$

3) La opción A es correcta

El área dethe entire circle is πr^2. La fracción del círculo que está sombreada es $\frac{30}{360} = \frac{1}{12}$. Así que, el área del sector es $\frac{1}{12}\pi r^2$. Usa esa información para encontrar r.

$$\frac{1}{12}\pi r^2 = 12\pi \rightarrow r^2 = 144 \rightarrow r = 12$$

Usa r para calcular la circunferencia del círculo: $c = 2\pi r = 2\pi(12) = 24\pi$

La circunferencia es de $24\pi\ pies$.

4) La opción B es correcta

Los factores de 45 son: $\{1, 3, 5, 9, 15, 45\}$. Solo la opción B es correcta.

5) La opción D es correcta

$$Porcentaje\ de\ cambio = \frac{número\ nuevo - número\ original}{número\ original} = \frac{18.36 - 15.30}{15.30} = 20\%$$

6) La opción B es correcta

Primero encuentra los múltiplos de 8 que se encuentran entre 10 y 60: 16,24,32,40,48,56. Dado que el máximo común divisor de 32 y x es 8, x no puede ser 32 (de lo contrario, el MCD sería 32, no 8). Hay 5 valores restantes: 16,24,40,48 y 56. El número 16 tampoco es posible (de lo contrario, el MCD sería 16, no 8). Entonces, hay 4 valores posibles para x.

7) La opción C es correcta

El número total de dulces en la caja es $6 + 4 + 3 = 13$. El número de dulces que no son naranjas es 6+3=9. La probabilidad de que el primer caramelo no sea naranja es $\frac{9}{13}$. Ahora, de 12 dulces, quedan 8 dulces que no son naranjas. La probabilidad de que el segundo caramelo no sea naranja es $\frac{8}{12}$. Multiplica estas dos probabilidades para obtener la solución.: $\frac{9}{13} \times \frac{8}{12} = \frac{72}{156} = \frac{24}{52} = \frac{6}{13}$

8) La opción B es correcta

Primero, cambia las fracciones impropias a números mixtos.: $\frac{7}{2} = 3\frac{1}{2}$ y $\frac{30}{4} = 7\frac{1}{2}$

Los enteros entre estos dos valores son 4,5,6 y 7. Entonces, hay 4 enteros entre $\frac{7}{5}$ y $\frac{30}{4}$.

9) La opción C es correcta

El aumento en el porcentaje del impuesto a las ventas es $8.5\% - 8.0\% = 0.5\%$

0.5% de \$250 es $(0.5\%)(250) = (0.005)(250) = 1.25\$$

10) La opción C es correcta

Cuando un punto se refleja sobre los ejes x, la coordenada (y) de ese punto cambia a (-y) mientras que su coordenada x permanece igual. $C(7,9) \rightarrow C'(7,-9)$

11) La opción A es correcta

$2x + 4 > 11x - 12.5 - 3.5x \rightarrow$ Combinar términos semejantes: $2x + 4 > 7.5x - 12.5 \rightarrow$ Resta $2x$ de ambos lados: $4 > 5.5x - 12.5$. Suma 12.5 a ambos lados de la desigualdad. 16,5 > 5,5x, divide ambos lados por 5.5 $\rightarrow \frac{16.5}{5.5} > x \rightarrow x < 3$

12) La opción A es correcta

Usa el volumen de la fórmula del prisma triangular.

$$V = \frac{1}{2}(largo)(base)(altura) \rightarrow V = \frac{1}{2} \times 4 \times 3 \times 2 \Rightarrow V = 12\ m^3$$

13) La opción B es correcta

Primero, enumere los productos:

$1 \times 4 = 4$

$1 \times 6 = 6$

$1 \times 5 = 5$

$1 \times 7 = 7$

$4 \times 6 = 24$

$4 \times 5 = 20$

$4 \times 7 = 28$

$6 \times 5 = 30$

$6 \times 7 = 42$

$5 \times 7 = 35$

De 10 resultados, 3 números son impares. La respuesta es: $\frac{3}{10}$

14) La opción C es correcta

La forma estándar de la ecuación de línea recta es: y=mx+b. Por lo tanto, la opción C tiene una gráfica que es una línea recta. Todas las demás opciones no son ecuaciones de líneas rectas.

15) La opción C es correcta

Como 5n es par, entonces 5n+1 debe ser impar. Por tanto, 5n+3 y 5n+5 también son impares. Entonces, hay un total de 3 números en este rango que son impares.

16) La opción D es correcta

Aislar y resuelve para x: $\frac{2}{3}x + \frac{1}{6} = \frac{1}{3} \Rightarrow \frac{2}{3}x = \frac{1}{3} - \frac{1}{6} = \frac{1}{6} \Rightarrow \frac{2}{3}x = \frac{1}{6}$

Multiplica ambos lados por el recíproco del coeficiente de x.

$(\frac{3}{2})\frac{2}{3}x = \frac{1}{6}(\frac{3}{2}) \Rightarrow x = \frac{3}{12} = \frac{1}{4}$

17) La opción B es correcta

Utilice la fórmula de interés simple: $I = prt$,

$$(I = interés, p = principal, r = tasa, t = tiempo) \rightarrow I = (16{,}000)(0.025)(3) = 1{,}200$$

18) La opción A es correcta

Resuelve para x: $2x - 5y = 10 \rightarrow x - \frac{5}{2}y = 5 \rightarrow x = \frac{5}{2}y + 5$

19) La opción B es correcta

Escribe las razones en forma fraccionaria y resuelve para x: $\frac{x}{40} = \frac{20}{32}$

Multiplicar en cruz: $32x = 800$. Aplicar la propiedad del inverso multiplicativo; dividir ambos lados por 32: $x = \frac{800}{32} = 25$

20) La opción D es correcta

76% de las personas encuestadas respondió que sí, por lo que el 24% de las personas no respondió que sí. Por tanto, 66 personas es el 24% del total, x.

$\frac{66}{x} = \frac{24}{100} \rightarrow \frac{66}{x} = \frac{6}{25} \rightarrow 66(25) = 6x \rightarrow \frac{66(25)}{6} = x \rightarrow x = 275$

21) La opción A es correcta

Como 0.0099 es igual a 0.99%, lo más cercano a ese valor es0.1%.

22) La opción C es correcta

Área de superficie de un cilindro $= 2\pi r(r + h)$, el radio del cilindro es $3(6 \div 2)$ pulgadas y su altura es de 8 pulgadas.

Por lo tanto, el área de superficie de un cilindro $= 2\pi(3)(3 + 8) = 66\pi\ in^2$

23) La opción C es correcta

Primero, encuentre la velocidad del tren en millas por hora: $280 \div 4 = 70$ millas por hora. El numero de millas que faltan por recorrer es: $1{,}500 - 280 = 1{,}220$ miles

Para encontrar el número de horas restantes, usa la ecuación

$d = rt \rightarrow (distancia) = (tasa) \times (tiempo) \rightarrow 1{,}220 = 70t$

$t = \frac{1{,}220}{70} = 17.4285714$ horas. Ese número redondeado a la hora entera más cercana es 17 horas.

24) La opción E es correcta

Aplicar regla de ecuación absoluta $-3 \leq 9 + 6x \leq 3$. Suma -9 a todos los lados. Entonces: $-3 - 9 \leq 9 + 6x - 9 \leq 3 - 9 \rightarrow -12 \leq 6x \leq -6$. Ahora, divide todos los lados por 6:

$-2 \leq x \leq -1$. La opción E representa esta desigualdad.

25) La opción E es correcta

La recta pasa por el origen, (6,m) y (m,12). Cualquiera de estos dos puntos se puede usar para encontrar la pendiente de la línea. Como la recta pasa por (0,0) y (6,m), la pendiente de la recta es igual a $\frac{m-0}{6-0} = \frac{m}{6}$. De manera similar, dado que la línea pasa por (0,0) y (m,12), la pendiente de la línea es igual a $\frac{12-0}{m-0} = \frac{12}{m}$. Dado que cada expresión da la pendiente de la misma línea, debe ser cierto que $\frac{m}{6} = \frac{12}{m}$, El uso de la multiplicación cruzada da

$\frac{m}{6} = \frac{12}{m} \rightarrow m^2 = 72 \rightarrow m = \pm\sqrt{72} = \pm\sqrt{36 \times 2} = \pm\sqrt{36} \times \sqrt{2} = \pm 6\sqrt{2}$

26) La opción C es correcta

El perímetro de la figura A es: $2\pi r = 2\pi \frac{10}{2} = 10\pi = 10 \times 3 = 30$

El área de la figura B es: $6 \times 10 = 60$, Promedio $= \frac{30+60}{2} = \frac{90}{2} = 45$

27) La opción B es correcta

Sea x el precio original. Entonces:

$\$1{,}912.50 = x - 0.15(x) \rightarrow 1{,}912.50 = 0.85x \rightarrow x = \frac{1{,}912.50}{0.85} \rightarrow x = 2{,}250$

28) La opción B es correcta

Diámetro dado $= 18\ cm \rightarrow$ radio $= 9cm$

Perímetro del círculo $= 2\pi r = 2 \times \pi \times 9 = 18\pi = 56.52\ cm$

El perímetro de la rebanada semicircular es:

$P = \frac{perímetro\ del\ círculo}{2} + 2r = \frac{56.52}{2} + 2(9) = 46.26\ cm$

29) La opción C es correcta

Sea x el número de pulgadas que representan 2,5 pies. Establece una proporción y resuelve para x: $\frac{x}{2.5} = \frac{0.15}{150} \rightarrow x = \frac{0.15 \times 2.5}{150} \rightarrow x = 0.0025\ in$

30) La opción D es correcta

Establecer una ecuación: $\frac{3}{7}Z = 54$

Resuelve para Z: $\rightarrow Z = 54 \times \frac{7}{3} = 126$, entonces, calcula $\frac{2}{5}Z$: $\frac{2}{5} \times 126 = 50.4$

31) La opción A es correcta

Para responder a esta pregunta, multiplique 72 millas por hora para 8 $\rightarrow$ $72 \times 8 = 576$ millas

32) La opción D es correcta

El monto gastado es de \$60 y la propina es del 25%. Entonces: propina= $0.25 \times 60 = \$15$

Precio final = Precio de venta+propina $\rightarrow$ precio final = \$60 + \$15 = \$75

33) La opción E es correcta

Para encontrar el factor más pequeño de 95, enumera los factores: 1, 5, 19 y 95. El factor más pequeño (que no sea 1) es 5. De las opciones enumeradas (28, 32, 39 y 45), solo 45 es un múltiplo de 5.

34) La opción A es correcta

La suma de exponentes se realiza calculando primero cada exponente y luego sumando y dividiendo:

$$\frac{4^2+3^2+(-5)^2}{(9+10-11)^2}=\frac{16+9+25}{(8)^2}=\frac{50}{64}=\frac{25}{32}$$

35) La opción B es correcta

El ángulo A y el ángulo B son suplementarios, por lo que la suma de sus ángulos es 180°.

Sea a igual a la medida del ángulo A, y sea b igual a la medida del ángulo B.

$a+b=180$

La medida del angulo a es el doble de la medida del angulo b.

$a=2b \rightarrow 2b+b=180 \rightarrow 3b=180 \rightarrow b=\frac{180}{3}=60$

$a=2b=2(60)=120$

Por lo tanto, la medida del ángulo A es 120°.

36) La opción B es correcta

Sustituye -2 por x en la ecuación: $2(-2)+3=\frac{y+6}{5} \rightarrow -1=\frac{y+6}{5} \rightarrow$

$y+6=-5 \rightarrow y=-5-6=-11$

37) La opción D es correcta

Primero, convierta sus alturas de pies y pulgadas a pulgadas, multiplicando el número de pies por 12 y sumando las pulgadas. Tomas: 6 pies +8.5 pulgadas. 6 (12 pulgadas) +8,5 pulgadas = 72 pulgadas + 8,5 pulgadas = 80,5 pulgadas.

Alex: 5 pies +3 pulgadas. 5 (12 pulgadas) + 3 pulgadas = 60 pulgadas + 3 pulgadas = 63 pulgadas. Luego, resta la altura de Alex de la altura de Tomas.: $80.5-63=17.5$

38) La opción B es correcta

Divide 40 entre 4: $\frac{\left(\frac{40(x+1)}{4}\right)-10}{12} \rightarrow \frac{10(x+1)-10}{12}$.

Distribuye 10 entre paréntesis $(x+1)$

$$\frac{10x+10-10}{12}=\frac{10x}{12}=\frac{5}{6}x$$

39) La opción D es correcta

Hasta ahora, Kylie ha escrito el 10 %+18 %=28 % de toda la tarea. Eso significa que le queda 100%-28%=72% para escribir. $72\%=\frac{72}{100}=\frac{18}{25}$

40) La opción E es correcta

Sea x el número de bolígrafos amarillos. Escribe una proporción y resuelve: $\frac{amarillo}{azul}=\frac{2}{3}=\frac{}{9}$

Resuelve la ecuación: $18=3x \rightarrow x=6$

41) La opción B es correcta

Para encontrar el equivalente decimal a $-\frac{6}{9}$, divide 6 entre 9. Luego: $-\frac{6}{9}=-0.66666\ldots=-0.\overline{6}$

42) La opción E es correcta

La fórmula para el área del círculo es πr^2 , el área es 81π. Por lo tanto:

$A=\pi r^2 \Rightarrow 81\pi=\pi r^2$, Divide ambos lados por π: $81=r^2 \Rightarrow r=9$, El diámetro de un círculo es 2×radio. Entonces: Diámetro= $2\times 9=18$

43) La opción E es correcta

Hace cinco años, Amy tenía tres veces la edad de Mike. Mike tiene 10 años ahora. Por lo tanto, hace 5 años Mike tenía 5 años. Hace cinco años, Amy estaba: $A=3\times 5=15$, Ahora Amy tiene 20 años.: $15+5=20$

44) La opción B es correcta

Enumera los factores de 68: 1 y 68, 2 y 34, 4 y 17. Hay un factor mayor que 26 y menor que 60.

45) La opción B es correcta

Sean las longitudes de dos lados del paralelogramo 2x cm y 3x cm respectivamente. Entonces, su perímetro $=2(2x+3x)=10x$

Por lo tanto, $10x = 40 \rightarrow x = 4$

Un lado $= 2(4) = 8\ cm$ y el otro lado es: $3(4) = 12\ cm$

46) La opción E es correcta

Aislar x en la ecuación y resolver. Entonces:

$\frac{3}{4}(x-2) = 3\left(\frac{1}{6}x - \frac{3}{2}\right)$, expande $\frac{3}{4}$ y 3 a los paréntesis $\rightarrow \frac{3}{4}x - \frac{3}{2} = \frac{1}{2}x - \frac{9}{2}$. Suma $\frac{3}{2}$ a ambos lados: $\frac{3}{4}x - \frac{3}{2} + \frac{3}{2} = \frac{1}{2}x - \frac{9}{2} + \frac{3}{2}$. Simplifica: $\frac{3}{4}x = \frac{1}{2}x - 3$. Ahora, resta $\frac{1}{2}x$ de ambos lados: $\frac{3}{4}x - \frac{1}{2}x = \frac{1}{2}x - 3 - \frac{1}{2}x$. Simplifica: $\frac{1}{4}x = -3$. Multiplica ambos lados por 4:

$(4)\frac{1}{4}x = -3(4)$, simplifica $x = -12$

47) La opción C es correcta

Para responder a esta pregunta, asigne varios valores positivos y negativos a x y determine cuál será el valor de la expresión:

x	-1	0	2	3	4
$2-x^2$	1	2	-2	-7	-14

Entonces, el valor máximo de la expresión es 2.

48) La opción C es correcta

El número total de balones de mano en el contenedor es 6+5+8+10=29. Como hay 6 balones de mano verdes, la probabilidad de seleccionar un balonmano verde es $\frac{6}{29}$.

49) La opción B es correcta

Se dan estos hechos: F es el punto medio de EH.

EG tiene una longitud de x cm. EF tiene una longitud de y cm.

Usa los dos primeros hechos para determinar que E tiene una longitud de 2y centímetros:

$$GH = EH - EG = 2y - x$$

50) La opción D es correcta

Si Emma respondió incorrectamente 9 de 45 preguntas, entonces respondió correctamente 36 preguntas. $\frac{36}{45} \times 100 = 80\%$

51) La opción C es correcta

Sea x el número. Escribe la ecuación y resuelve para x.

30% de $x = 12 \Rightarrow 0.30x = 12 \Rightarrow x = 12 \div 0.30 = 40$

52) La opción A es correcta

Sea y la edad de Anna: $5y + 3 = x \rightarrow 5y = x - 3 \rightarrow y = \frac{x-3}{5}$

53) La opción C es correcta

La distancia entre Jason y Joe es de 15 millas. Jason corre a 4.5 millas por hora y Joe corre a una velocidad de 7 millas por hora. Por lo tanto, cada hora la distancia es 2.5 millas menos. 15÷2.5=6 horas

54) La opción C es correcta

El recíproco de $\frac{3}{5}$ se agrega al recíproco de $\frac{1}{4}$:

$\frac{4}{1} + \frac{5}{3} = \frac{12}{3} + \frac{5}{3} = \frac{17}{3}$. El recíproco de esta suma es $\frac{3}{17}$.

55) La opción A es correcta

En un paralelogramo, los ángulos consecutivos son suplementarios. De este modo, $x + (3x + 20) = 180 \rightarrow 4x + 20 = 180 \rightarrow 4x = 160 \rightarrow x = 40$

Effortless Math's HiSET Online Center

... Mucho más en línea!

Effortless Math Online HiSET Math Center ofrece un programa de estudio completo, que incluye lo siguiente:

- ✓ Instrucciones paso a paso sobre cómo prepararse para el examen HiSET Math
- ✓ Numerosas hojas de trabajo de HiSET Math para ayudarlo a medir sus habilidades matemáticas
- ✓ Lista completa de fórmulas de HiSET Math
- ✓ Lecciones en video para temas de HiSET Math
- ✓ Pruebas de práctica completas de HiSET Math
- ✓ Y mucho más ...

No es necesario registrarse.

Visit **EffortlessMath.com/HiSET** to find your online HiSET Math resources.

¡Reciba la versión PDF de este libro u obtenga otro libro GRATIS!

¡Gracias por usar nuestro libro!

¿Te ENCANTA este libro?

¡Entonces, puede obtener la versión PDF de este libro u otro libro absolutamente GRATIS!

Por favor envíenos un correo electrónico a:

info@EffortlessMath.com

para detalles.

Nota final del autor

Espero que hayan disfrutado leyendo este libro. ¡Has superado el libro! ¡Gran trabajo!

En primer lugar, gracias por comprar esta guía de estudio. Sé que podría haber elegido cualquier cantidad de libros que lo ayudaran a prepararse para su prueba de Matemáticas HiSET, pero eligió este libro y le estoy muy agradecido.

Me tomó años escribir esta guía de estudio para HiSET Math porque quería preparar una guía de estudio integral de HiSET Math para ayudar a las personas que rinden el examen a usar su valioso tiempo de la manera más efectiva mientras se preparan para el examen.

Después de enseñar y dar clases particulares de matemáticas durante más de una década, he reunido mis notas y lecciones personales para desarrollar esta guía de estudio. Es mi mayor deseo que las lecciones de este libro puedan ayudarlo a prepararse para su examen con éxito.

Si tiene alguna pregunta, por favor póngase en contacto conmigo en reza@effortlessmath.com y estaré encantado de ayudar. Sus comentarios me ayudarán a mejorar en gran medida la calidad de mis libros en el futuro y hacer que este libro sea aún mejor. Además, espero haber cometido algunos errores menores en alguna parte de esta guía de estudio. Si cree que este es el caso, hágamelo saber para que pueda solucionar el problema lo antes posible.

Si disfrutó de este libro y encontró algún beneficio al leerlo, me gustaría saber de usted y espero que pueda tomarse un minuto para publicar una reseña en el book's Amazon page. Para dejar sus valiosos comentarios, visite: amzn.to/39ZxWsh

O escanea este código QR.

Yo reviso personalmente cada reseña para asegurarme de que mis libros realmente lleguen y ayuden a los estudiantes y a los examinados. ¡Ayúdeme a ayudar a los examinados de Matemáticas HiSET dejando una reseña!

¡Le deseo todo lo mejor en su éxito futuro!

Reza Nazari

Profesor de matemáticas y autor

Made in the USA
Las Vegas, NV
23 August 2024